もくじ

第2章　鉱物

第3章 雲根志的世界の石

蛇谷入口

はじめに

かつて、近江には多数の鉱山が存在していた。その中でも最初の鉱山と呼べるものは、古墳時代、湖南地域で多数製造された土器の材料となる粘土の採掘場である。その後、奈良時代頃から、鉄の材料となる磁鉄鉱が湖北、湖西方面で採掘されるようになった。これに遅れて、鈴鹿方面の方鉛鉱《ほうえんこう》、黄銅鉱《おうどうこう》も採掘され、銀、鉛《なまり》、銅に製錬されたものと思われる。しかし、鉱山の中でも特に金属鉱山と呼ばれるものは、古くから、国際的な状況に生産量が大きく左右されてきた。加えて、県内金属鉱山の多くは、鉱床が小規模であったことから、短期間の操業が多く、各種の鉱石の採掘、選鉱、製錬、運搬方法など、いつ、誰がどのように行ったのか伝える史料も少なく、不明な点が多い。この残された資料がわずかであるという点は、金属鉱山に限ったものではなく、他の鉱山全般にもいえる。今後の研究や発掘などで鉱山の歴史的実像が明らかにされることを期待してやまない。

さて、今回、私がこの本の中で取り上げた【鉱山】については、大正15年（1926）発刊の『甲賀郡志《こうかぐんし》』（以下郡志と省略）中のものや、明治6年（1873）に作成された『滋賀県管下近江国六郡物産図説』（以下図説と省略）に取り上げられている甲賀地域や湖南地域を中心としたものである。それらを、主要目的とされた鉱産物を基に分類した。また正確な史料の残されているものはわずかで、個人的な興味で選んだ。このため県内に多数あったマンガン鉱山や珪《けい》長石《ちょうせき》鉱山なども不十分で、地域的に偏ったものとなっているのではないかと思っている。そして県内では標本レベルの量でしかないが、金属資源とされる錫《すず》、閃亜鉛《せんあえん》、モリブデンなどについては、鉱物のところで取り上げた。

【鉱物】については、現在、県下で二百数十種程度産出するとされており、今後も分析機器などの進歩にともない増加していくと考えられる。分類は特に成分によらず、ペグマタイトの鉱物、水晶、宝石鉱物、金属資源鉱物、マンガン鉱物、スカルン鉱物、二次鉱物、蛍光反応鉱物、その他に分け、それぞれ産出の特徴などを説明している。

【雲根志《うんこんし》的世界の石】は、18世紀の近江に生まれて「石の長者」として江戸・大坂にまで名が知られた博物学の先駆者、木内石亭《きのうちせきてい》が興味をひかれ、その著者『雲根志』に載せた物や、益富先生が書かれた『石—昭和雲根志』の中からの物と私自身が興味を持った県内などの奇石のいくつかを（新）として取り上げた。

記載した標本については、2点を除き私自身の採集品を自らで撮影したため、当然、もっとすばらしい標本や写真のあることをお断りしておく。また、石の楽しみ方は人それぞれ、千差万別であり、それぞれにおもしろいものであるが、本書に明らかな間違いがあった場合はご指摘いただければ幸いである。

石の採集は宝捜しのようで大変楽しいものだが、最近、全国的に採集や立ち入りが禁止されるところが増えてきている。私自身も含めて、しっかり社会的なルールを守ることや、ヘビ、ダニ、ハチ、ヒル、クマなどにも十分気を付けて、地球の神秘に触れていきたいものである。

第1章 鉱山

1 銅鉱山

石部金吉《きんきち》の生まれ故郷――石部村銅山（石部金山《かなやま》）

［湖南市緑台］

この鉱山は、JR草津線石部駅から見ると、南側に灰色の石灰岩をバラス用に採掘している山（後述する石部灰山）の上部、甘坪山《あまつぼやま》頂上付近にあった。甘坪山という名前はこの山を東の方角から見るとまるで雨が溜《た》まるように頂上がへこんだ姿をしており、本来の「雨壺」から「甘坪」に変わったのではないかと思われる（古い書物には「雨壺」と書かれているものがある）。また金山は「きんざん」ではなく「かなやま」と読む。江戸時代などでは金属鉱山のあるところを一般的にこのように呼んでいた。

安永2年（1773）に木内石亭が著した『雲根志』に書かれている石麪《せきめん》という石の説明文中、石部金山について「古い言い伝えによれば大昔は金を掘っていたので金山と呼ばれた」とのことが書いてある。これは、一般的に金属鉱山で、各種の金属が同時に産出する点や、近くの栗《りつ》東《とう》市にあったマンガン鉱山の五百井《いおい》鉱山などでも、石英脈中から金が出ている。加えて金山が銅鉱山であったことなどから考えると、あながち的はずれな話ではないと思われる。

この鉱床は全体として、灰山付近の石灰岩と後から貫入《かんにゅう》した火成岩の接触で作られたスカルン鉱床と呼ばれるものである。鉱石としては、江戸期に黄銅鉱《おうどうこう》から銅を、明治期に入ってからは一時期、硫化鉄鉱《てっこう》から作られる緑礬《りょくばん》（ローハ）も生産され、そして、第二次世界大戦中には鉄の材料として磁鉄鉱が採掘された。

鉱山の様子は、明治6年（1873）、ウイーン万博への出品物選定のため、滋賀県勧業課によって作られた『図説』がある。これを見ると、坑口は8か所、空気抜き坑道が2か所描かれている。しかしこの絵図には、付近にあった上灰山の灰窯《はいがま》は描かれているものの、銅の製錬場や炭焼き用、焼鉱用など各種の窯は描かれていない。製錬などは他の場所で行ったのか、明治6年の時点ではすでに操業が終了していたため、関連施設が撤去されていたのかは不明である。現在、一ノ鋪《しき》（坑口）と思われるものや、下部に磁鉄鉱採掘時の坑口、いつ頃の物か不明だが、少し離れたところにもマンガンを採掘したと思われる坑口が残されている。

沿革について『郡志』には、江戸時代の延宝3年（1675）から明治にかけて、銅を目的に断続的に採掘したが、どれも短期間だったとある。ただ平成元年刊行の『新修石部町史』には、4回目以降の銅採掘についての記述があり、それによると、明治初年（1867）から明治23年まで断続的に採掘されたとなっている。また同じく緑礬（ローハ）について、明治6年から23年まで生産されたとの記述がある。このローハというのは、岡山県の高梁市《たかはし》にあるベンガラで有名な吹屋《ふきや》で生産されたベンガラの製造工程で作られるものと同様、硫化鉄鉱から作られる中間製品の硫酸鉄と考えられる。しかし実際、この緑礬（ローハ）が何の材料に使われたのかは書かれておらず、黒インクや赤系統の塗料、当時であれば、代用お歯黒《はぐろ》などに使われたかもしれない。

一方、四字熟語のように江戸時代から使われていた「石部金吉」という人名を『広辞苑《こうじえん》』で見れば、硬い石と金を並べており、極めて物堅い人、融通の利かない人と説明されている。東海道の宿場町として栄えていた石部宿と銅鉱山を合わせたおもしろい造語となっている。またこの地には、「砂かけ婆伝説」と言って、「子供が夕暮れ時に、村はずれの一軒家に近づくと急に恐ろしい顔のおばあさんが出てきて子供に砂をかけ追い払う」という話も伝わっており、鉱山があった当時、そこで働いていた鉱夫や地元の人たちの関わりの一端が理解できる。

鉱物採集の面から見れば、この金山や下部の灰山は、県下では美しい二次鉱物が多産する魅力的な場所であった。特に珍しいベゼリ石やピータース石など、銅や亜鉛などの二次鉱物のカラフルでかわいい形や色合いを持つものが多種、多様にあり、それらが採石の進行と共に、次々に顔ぶれを変える時間との闘いの採集地でもあった。

県内の銅山にはこの他、江戸期に、同じく黄銅鉱を鉱石とした栗東市荒張《あらはり》の荒張村銅山、東近江市永源寺町の甲津畑《こうづはた》銅山があり、明治期からは含銅硫化鉄鉱を主な鉱石とした長浜市木之《きの》本《もと》町の土倉《つちくら》鉱山があった。

石部村銅山跡

鉱石　黄銅鉱　長径 13㎝

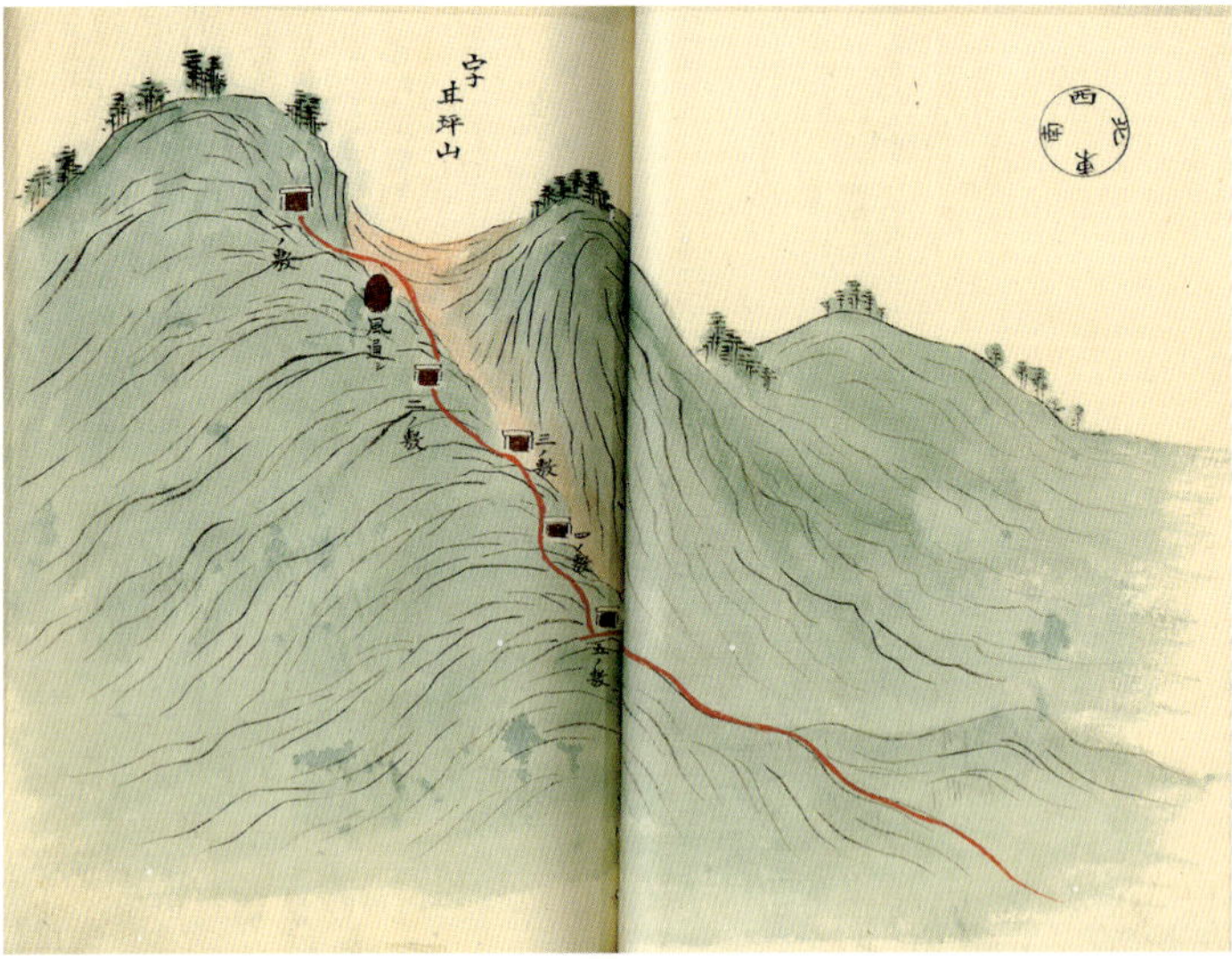

『図説』に見る甘坪山（滋賀県立図書館提供）

『図説』に見る甘坪山裏手（滋賀県立図書館提供）

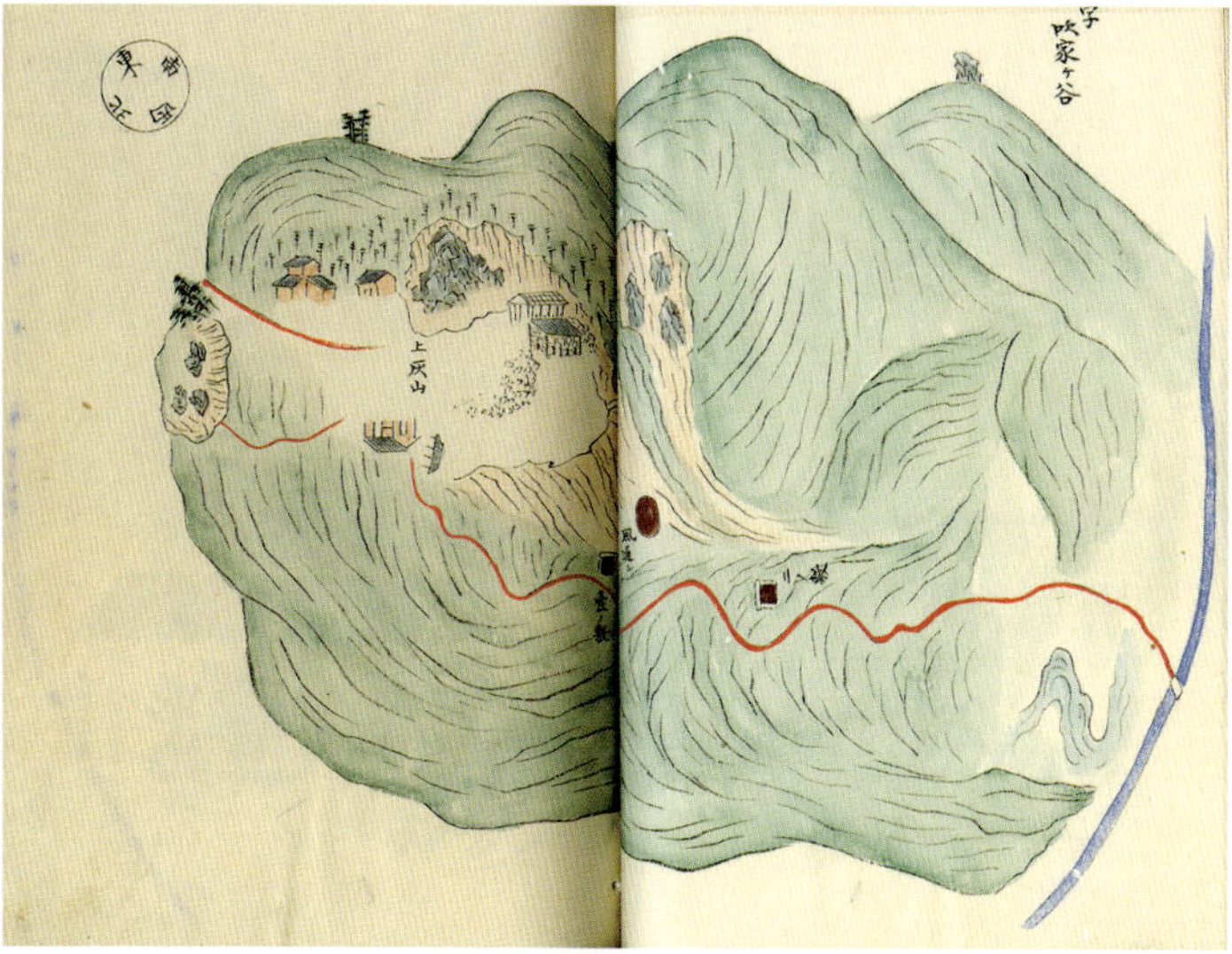

『図説』に見る甘坪山字吹家ヶ谷（滋賀県立図書館提供）

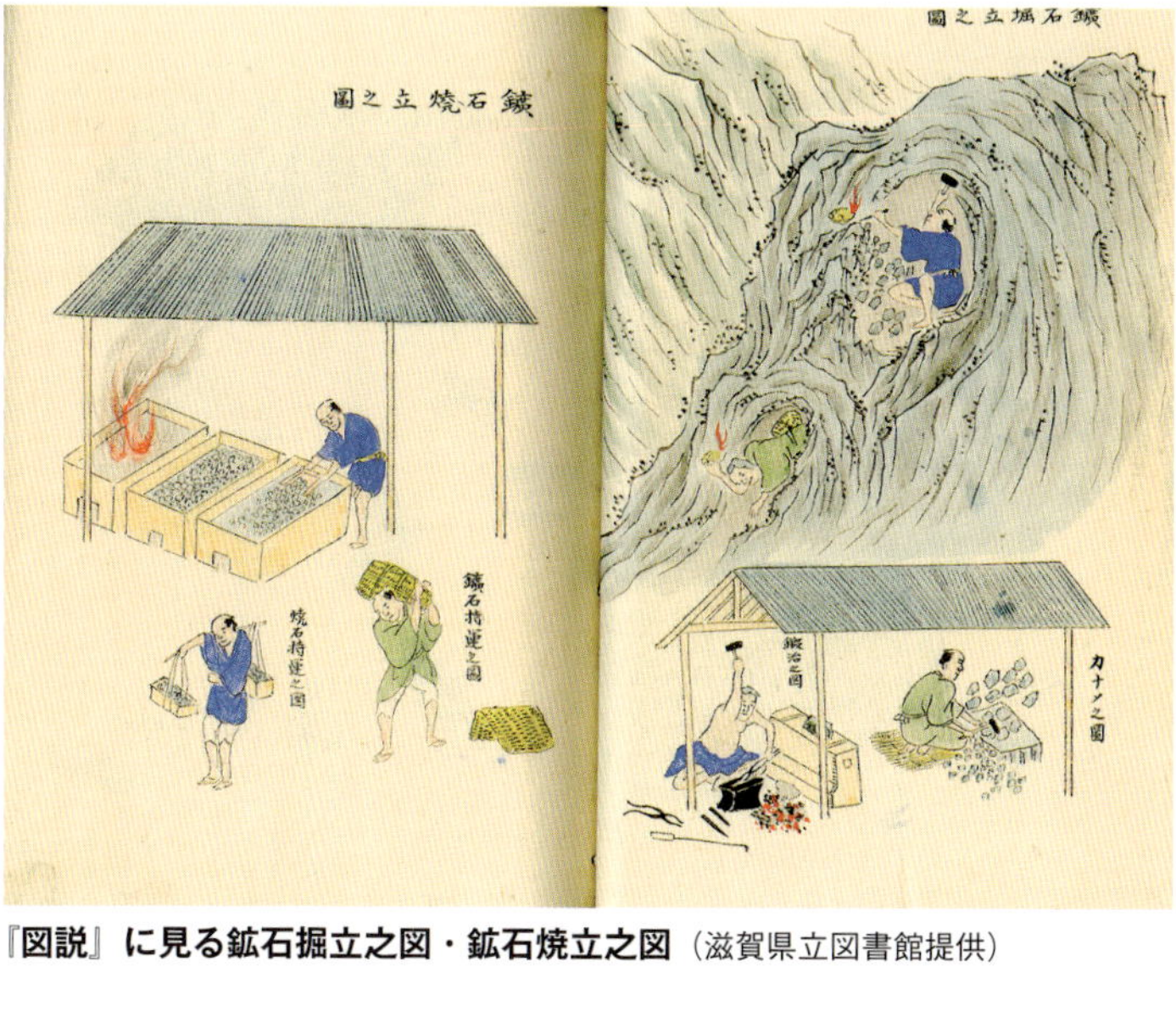

『図説』に見る鉱石掘立之図・鉱石焼立之図（滋賀県立図書館提供）

2 アンチモニー（安質母尼）鉱山

130年の眠りから覚めた 近江のアンチモニー鉱山（鉱山名不明）

［甲賀市信楽町牧］

アンチモン（アンチモニー）という金属は漢字を使えば「安質母尼」で、古い本にはこのように書かれており、少し謎めいた雰囲気が漂っている。実際、このアンチモニーが日本で最初に使用されたと考えられるのは、遠く飛鳥時代（683年頃）に作られた富本銭《ふほんせん》という銅銭で、その合金として混ぜられた。富本銭は大量に発掘される前は、儀式用に使用された銅銭と考えられていた。しかし、この銅銭は和同開珎《わどうかいちん》が作られた和銅元年（708）より以前から一般に通用していたと考えられるようになり、歴史的に見ても大変重要な銅銭である。

このアンチモンのほとんどは輝安鉱《きあんこう》という白銀色の鉱物から取り出される。日本では、明治時代、すばらしく巨大な剣型の輝安鉱の結晶を産出した愛媛県の市ノ川鉱山が特に有名で、世界各地の博物館に展示されている。そして、同時期には、山口県の鹿野《かの》鉱山や奈良県の十津川《とつかわ》鉱山などでも採掘し、輸出していた。また時代は新しいが、三重県の鈴鹿鉱山や奈良県の神戸《かんべ》鉱山でも産出しており、輝安鉱自体はそんなに珍しい鉱物ではない。滋賀県でも、この輝安鉱という鉱物が出たとの記録は以前からあり、『滋賀県地学のガイド』に栗東市荒張、『郡志』に

坑口

鉱石　輝安鉱　長径８㎜

は甲賀郡雲井村が、産地とされていたものの、その実物を見ることができなかった。そのため私は、何とかこの手で滋賀県産輝安鉱を探そうと考え、地質図や他の資料なども参考に長い間、野山を回った。そしてこのような気持ちを持ち続けていたためか、10数年後、幸運にも、この鉱山に関する資料に巡り合うことができた。またその後、別の資料ともつなぎ合わせることにより、平成27年（2015）2月にようやく位置を確定し、明治中期に輝安鉱を採掘していた鉱山と輝安鉱を探し出すことに成功した。

この鉱山のように、古い時代のものは、資料が少ない上に、場所を知る人もなく、手作業のため鉱山規模も小さい。加えて時間の経過で、草木や土砂崩れにより跡形もなくなっているものが多く、探し出すのは大変困難をともなう。しかし、いろいろな古い文献の探し出し、読み解きから始まって、これまでの自分自身の知識、経験、想像力、直観力、体力などを総合して探し出す一連の作業の楽しみは大変大きいものである。

この鉱山のことは、『図説』には載っておらず、明治17年（1884）に作られた『鉱山借区図』に所在が載せられていた。また明治28年（1895）の「鉱山借区願」には旧坑が描かれていることから、沿革は明治6年から明治17年までの間に発見、開発されたと考えられる。

産出鉱物としては、輝安鉱のほか黄鉄鉱《おうてっこう》、柘榴石《ざくろいし》、二次鉱物のバレンチン鉱、黄安華《おうあんか》等が見られた。ズリの様子から、変質した花崗岩《かこうがん》の石英脈中の輝安鉱を採掘したようだ。

3 金鉱山

幻の金鉱山――豊栄《ほうえい》鉱山

[栗東市《りっとうし》荒張《あらはり》]

私は以前、滋賀県で山金《やまきん》を主目的に採掘した鉱山はまったくないと思っていた。しかし『滋賀県の自然』中、栗東市荒張で金と銀を採掘した鉱山があったことを知った。その鉱山が豊栄《ほうえい》鉱山（大分県の有名鉱山と同名）で金、銀を昭和28年（1953）から29年までのわずか1年間だけ採掘したと書かれていた。ただ金という鉱物自体は滋賀県内で、数か所、川の砂金《さきん》としても産出し、土倉《つちくら》鉱山や五百井《いおい》鉱山などからも副産物として採られている。また銀については、石部灰山でも採れ、蓬谷《よもぎたに》鉱山などの方鉛鉱中には微量だが普通に含まれているものだ。

このため、私としては、この鉱山で取れた山金に対して、興味は持ったものの、当時、輝安鉱を探していたところだったので、金、銀の他に輝安鉱が産したとの記述の方に注目した。

そして、ぜひ正確な場所を知りたいと思い、早速、著者の方に電話で尋ねてみたが、「あの部分は当時の地質調査所大阪支所の資料を借りて書いた」ものとのことで、それ以上詳しいことはわからなかった。このため、次に地質調査所の後身にあたる産業技術総合研究所に問い合わせを行ったが、豊栄鉱山の資料はまったくないとの返事しかもらえず、この金山探しは一旦振り出しに戻ってしまった。しかしその後、今度は明治時代の資料に同じく、栗東市荒張で輝安鉱産出の記載があることを見つけることができた。輝安鉱と金は産状として低温熱水脈から出ることが多いため、この輝安鉱産地では、兵庫県の中瀬鉱山と同様に金鉱石と輝安鉱が一緒に産出した可能性が高いのではないかと推察した。

　その後、信楽で輝安鉱を発見するが、並行して、荒張付近での探査も続けていたところ、信楽の鉱山と非常によく似た変質花崗岩を、見つけることができた。しかし鉱山跡や、肉眼での輝安鉱や金鉱石は見つけられなかった。ただ金鉱石は肉眼ではまったくわからないような微細なものも多いので、今後もこの付近を中心に捜し、蛍光《けいこう》X線装置なども使って、何とか金鉱石と栗東市産の輝安鉱を探し出したいと考えている。また山金について、県内ではこの鉱山以外にも『鉱山借区図』中、甲賀市土山町大河原に出たことが記されており、野洲《やす》川左岸に小さく×印が点《つ》けられ、横に金と書かれている。そして『図説』中、大河原村より提出された「火打石、石灰、鉱山産地図」にこの×印の対岸辺りに、新旧の抗口や吹屋《ふきや》と書かれた製錬の建物が描かれていた。ただこの鉱山で何が採掘され、製錬されたのかは書かれていなかった。そこで小字《こあざ》名や位置を参考に調べてみると、これらの坑口は、現在の大納言《だいなごん》谷付近であることがわかった。このため二度ほどこの大納言谷を探査したところ、大規模な石英脈や磁硫鉄鉱、方鉛鉱《ほうえんこう》、黄鉄《おうてつ》鉱《こう》などがあり、ある程度の鉱化《こうか》作用があったことだけは、確かめられた。

4 銀鉱山

近江にもあった銀山の地名——富川銀山

［大津市大石富川《とみかわ》］

初めて、この鉱山のことを知ったのは『鉱山借区図』で、大変小さく、大津市富川を流れる大戸《だいど》川の右岸に銀の字と×印が記されていたからである。また当時、家族と一緒に島根県の石見《いわ み》銀山に行った時でもあり、どのような鉱石から銀を取り出していたのか知りたいと思い、調べ始めた。よく見るとこの×印辺りには、昭和期まで長石を採掘していた石倉鉱山跡があり、何度か訪れ、長石や蛍石などを採集したことがあるところだった。その後も、何度か、付近を調べて銀の足跡を探したものの、結局、それらしい鉱物は見つけられなかった。

それから数年後、今度は『図説』中に「近江栗太郡《くりたぐん》富川村銀山絵図」を見つけた。絵図を見ると小字名とみられる石倉谷の文字と方位、そして『鉱山借区図』とは違い、富川村銀山が大戸川の左岸に上から一列に一ノ鋪（坑口）、二ノ鋪、間に道が通り、その下の川縁に三ノ鋪がある様子が描かれていた。また、明治33年（1900）に刊行された『日本鉱産地』を見ると鉛の鉱産地として栗太《くりた》郡富川村（現、大津市大石富川）大字銀山と書かれていた。所在地が大字名で書かれているので、ある程度の規模があった鉱山ではないかと考え、その後は、川の南側も含めて、範囲を広げ、踏査《とうさ》することにした。その結果、鉱山は、ほぼここだと思われる場所が左岸に見つかり、地元の方にも話をうかがったところ、昔、そのあたりは「金山」と呼ばれていたこともわかった。しかし、現地ではほとんど坑口は崩落しており、坑道の中までは確認できなかった。現在、甲賀市信楽町から大津市に向かう国道422号をはさんだ上下に絵図のように坑口が並び、崩落したような跡が残っている。最上部の坑口と思われる付近の地層を見たところ、全体は粘板岩でそこに石英脈が通っているような状況だった。もしここが、本当に銀を目的に掘っていた鉱山だとすれば鉱石としては含銀方鉛鉱、針銀鉱《しんぎんこう》、自然銀などが考えられたが、『日本鉱産地』には、鉛の鉱産地となっており、銀の文字は見られなかった。このことから、当鉱山では、はじめ、含銀方鉛鉱から鉛と灰吹《はいふき》（骨灰《こつばい》などを使い金や銀を銅や鉛から分離する方法）で銀も取り出していたが、採掘するうちに方鉛鉱中の銀の含有量が減り鉛の産地となっていったとも考えられた。そして坑口横にあった銀黒《ぎんぐろ》（銀に金が混ざった黒い砂のようなもの）様の物が入った石英も採集し、X線分析装置にかけてみたが、結果は、まったく銀や鉛の存在を確認できなかった。ただ付近から微細な方鉛鉱は少量見つけており、方鉛鉱をカギにもう少し銀山らしい鉱石などを探していこうと思っている。

他に県内で銀などを目的に含銀方鉛鉱を採掘した古い鉱山には、東近江市茨川《いばらがわ》町の蛇谷《じゃたに》鉱山がある。以前、この谷を何度か訪れ、散らばっている鉱滓《こうさい》（製錬後の鉱石のカス）を採集し蛍光X線での定量分析を行ったところ、ある程度の銀や鉛が残されていることがわかった。

富川銀山（坑口）付近

最上部の坑口と思われるもの

『図説』に見る近江国栗太郡富川村銀山絵図
（滋賀県立図書館提供）

5　トパーズ（黄玉《おうぎょく》）採掘場

祝！県の鉱物に認定――田上《たなかみ》山

［大津市田上］

我が国のトパーズ（黄玉）といえば田上山が有名だが、県内には比良山や高島地域でも少し産出する。また田上山地域では特定の場所からというのではなく、広く田上山全域の花崗岩の晶洞《しょうどう》や、あちこちの川から、川流れとして産出している。昔は至るところにトパーズが転がっていたとの話も聞くが、最近では見つけるために相当な努力と運が必要な状況になっている。

この美しい鉱物が水晶とは違うトパーズという宝石鉱物として採掘されはじめたのは、彦根藩士族の杉村次郎が田上山で採集した石をトパーズと鑑定し、明治10年（1877）に開催された第1回内国勧業博覧会に出品、賞を得たこと（滋賀県県政史料室史料）。また学術的には、明治11年（1878）、当時、県令だった籠手田安定《こてだやすさだ》が田上山で手に入れた美しい石を東京大学に持ち込み、和田維四朗《わだつなしろう》やナウマンの鑑定により、トパーズと判明したことであった。以降、一躍、田上山が有名になった。このため、トパーズは明治期、外国にも相当量が輸出された。しかし私には明治以前にこれだけ美しいトパーズが見つかっていなかったとは考えられない。例えば『雲根志』では水晶とは別に玻璃《はり》や放光石の中にトパーズが混じっていたのではないかとも考えている。『雲根志』の玻璃や放光石の説明文では「玻璃ニ五色アリ　薄紫ノコトノ多シ白キモノコ

田上山産　最大長径 4.5㎝

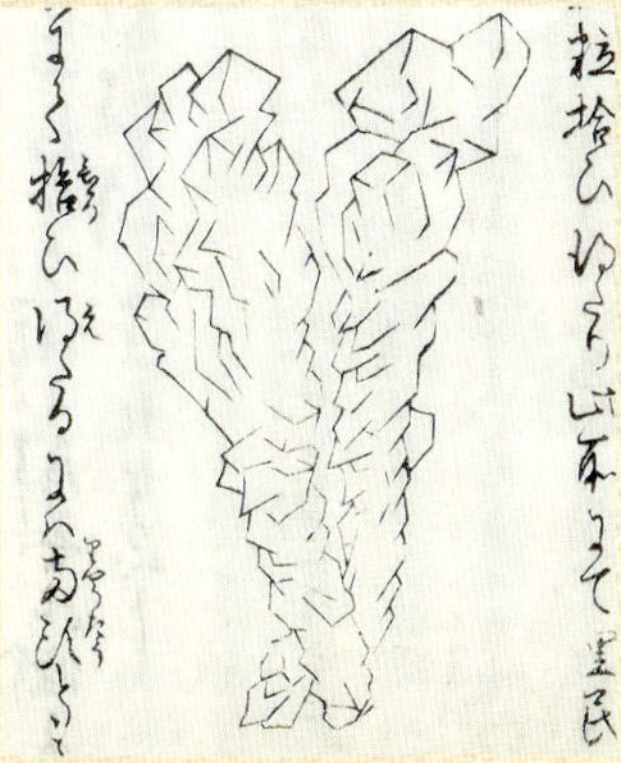

『雲根志』にある挿絵
（滋賀県立琵琶湖文化館提供）

高島市産　長径 2.5㎝

レニ次　水晶ニヨク似テ六角ナラズ　清浄明白ニ透徹ス　石中ヲ日ニ照シ見ルニ芥子《けし》粒ノゴトキモノアリ　近江国田上谷羽栗山ニ稀ニアリ云々……」とあり、まるでトパーズのことのようでもあるが、放光石の挿絵を見ると水晶の連晶のようなものが描かれており、標本が残されていない現在、確かめようがない。ただトパーズは、それから長い時が過ぎてもなお、県内外の鉱物採集家たちによって探し続けられているほど魅力的な鉱物であることに違いはない。

以前、ある人から、昭和の中頃のこととして、子供たちが水晶や黄玉採りを行う時の様子を教えてもらったことがある。その話というのは、冬場に雪の少しだけ積もった日に出かけると、晶洞のあるところの上だけ雪が解けているので、見つけやすく、そこに針金で先に穴をあけ、中に空気を入れてから掘ったとのことだった。これは晶洞内の温度が地表より高いことや、中が真空である場合、有効だったと思うが、私自身は、中の空気のことを考えて掘ったことはない。ともかく晶洞中や川流れのトパーズを取り出すのは本当に楽しく、宝探しそのものである。

私の大切な思い出の一つは、ある夏の昼下がり、仕事帰りに、川流れのトパーズを求めて、笹間《ささま》ケ岳の谷に行き、そして岩盤までスコップで掘りあげていた時のことである。砂利《じゃり》の中から、まるで光り輝く水が結晶になったように美しいトパーズと出会った。あの瞬間の感激は今でも忘れられない。まさにトパーズが宝石となる理由がこの輝きにあることを感じ取れた瞬間でもあった。そしてついに平成26年（2014）、日本地質学会より県の石として認定された。

県内のトパーズの結晶の形態としては、庇面《ひめん》式（家の屋根のような形）が多い印象があり、高島産のトパーズの一部には、きれいな黄緑色の蛍光反応が見られる物もある。

6 鉛鉱山

近江に残された五代友厚の夢のかけら――蓬谷《よもぎたに》鉱山
［東近江市永源寺町政所］

この鉱山の沿革や内容については『近江鈴鹿の鉱山の歴史』に詳しく書かれているが、明治時代の政商として有名な五代友厚《ごだいともあつ》が経営していた鉱山の一つで、明治初期には元彦根藩士の杉村次郎が副鉱長として、ここで方鉛鉱を採掘していた。また友厚は多業種に参入して活躍しているが、特に鉱山経営には力を入れていた。そして友厚の長女武子《たけこ》の養子婿である龍作も福島県の半田《はんだ》銀山や鹿児島県の山ケ野《さんがの》金山に関係し、次女藍子《あいこ》も三重県の治田《はった》鉱山を自らが経営するなど一族の多くが鉱山との深い結びつきを持っていた。県内においても『郡志』には大正時代、東京市在住の龍作が、現在の甲賀市土山町で瀬音平子《せおとひらこ》鉱山の開発を手掛けたことが書かれており、今も山中にいくつかの坑口が残されている。

現在、政所《まんどころ》は政所茶と木地師《きじし》の里として知られているが、昔、鉱山施設があった谷は、石垣など、一部は残されているものの、写真（29頁）のように谷にダムが作られ、以前の面影はない。方鉛鉱などもほとんど見られず、少し前には、多量にあった鉱滓《こうさい》（鉱石から金属を精錬する際、分離された不要成分）も少なくなっている。とくに県下では数少ない鉛銀鉱山で歴史あるこのような鉱山は、貴重な産業遺跡として、当時の姿で、次世代に残されるべきものの一つだったと思う。

鉱山の沿革については、元禄16年（1703）頃に書かれた泉屋の『宝の山諸国銅山見分扣《ひかえ》』に当時の現況と今後の将来性についての見立てなどが記録されている。この中で井《い》伊《い》直《なお》弼《すけ》所領内愛《え》知《ち》郡《ぐん》政所村領内金山《かなやま》宮の谷の内滝の上、というところの銀山ということで、位置的に蓬谷鉱山と考えられる鉱山と、もう少し下流の藤ヶ谷にあった銅山について、見立て掘り（試掘）を許されて調べた結果が書かれており、両方ともに交通、運搬の便や炭、薪などの状況から間歩《まぶ》（坑口）2か所とも有望との結論となっている。このことから考えるとこれらの鉱山については、元禄後期に発見され、銀山や銅山として開発が始まったものと考えられる。

鉱物採集面から見ると、蓬谷鉱山では方鉛鉱から鉛と銀を取り出していたので、方鉛鉱はもちろんであるが、近くに大きな塊状の黄鉄鉱もみられ、砂防工事中には炭酸マンガン、方解石脈中に硫《りゅう》砒《ひ》鉄鉱《てっこう》、閃亜鉛鉱なども出ていた。特に硫砒鉄鉱の自形結晶には2㎝程度の金銀の貝殻のように見える（硫砒鉄鉱は本来銀色だが何かにコーティングされ金色に光っている）ものがあり、県内では、最大級の大きさと結晶の美しさが際立ったものが見られた。またまれに硫砒鉄鉱や白雲母と一緒にレモン色のミメット鉱もあった。現在、蓬谷の一つ上の谷の入り口には、いつ頃のものか不明だが抗口が開いており、磁硫鉄鉱や方鉛鉱などのズリ（坑口から出た石の捨て場）が見られる。

鉱山施設の石積み

方鉛鉱から鉛を取り出した鉱滓　長径 20㎝

鉱石　方鉛鉱　長径 8 ㎝

蓬谷鉱山の現況

7 蛍石鉱山

ゼロ戦とともに消えた鉱山——鮎河《あいが》鉱山

［甲賀市土山町大河原《おおがわら》］

　この鉱山の蛍石との最初の出会いは偶然であった。それは、ある夏の盛に家族と一緒に涼みのため川に遊びに行った時のことだった。普段から石を見るため下を見て歩く癖があり、その日も子供と川で遊んでいると、河原の石の中に4㎝ほどの緑の擦《す》りガラスのようなものが目に入った。すぐにそれを取り出して詳しく見たところ、間違いなく緑色の蛍石の結晶だとわかった。しかし、なぜこんなところに大きな蛍石のきれいな結晶が落ちているのか不思議に思い、その訳を考えた。だがこんな場所まで蛍石を捨てに来る人はいないと思い、今度は周りの石をかたっぱしから見ていった。すると灰色の変質した岩石中にも緑色の蛍石が見つかった。ただこの場所のような産状の蛍石は県内では見たことがなかったが、上流から流されてきた自然石であることだけはわかった。

　県内では、田上山などあちこちに蛍石の産地があるが、いずれも花崗岩や石英脈中に入っていたので、不思議に思い、後日、手持ちの資料で探したものの、この鉱山のことは見つからなかった。そこで今度は、地元の方にもこの蛍石のことを尋ねたところ、第二次世界大戦頃に蛍石を採掘し、鉱山から対岸の川べりにおろしていたが、戦後すぐに閉山してしまったとの話を聞くことができた。また鉱山の場所については、やはり蛍石を見つけた川に流れ込む小さな谷筋の上部だと教えてもらえた。

その後、鉱山を捜しに川沿いを歩いたが、道もなく川筋は崖《がけ》になっており、危険なため、すぐには鉱山に到達できなかった。このため、鉱山に到達する経路を考えていたおり、知り合いの石友からその鉱山の坑道に入った人がおり、安全に行ける道もあるとの情報が入ってきた。

そこで、すぐに石友に案内を頼み、連れて行ってもらったところ、抗口が2か所あり、1か所は崩落で埋まりかけていたが、1か所の坑口から入抗できた。坑道内はしっかりしており、天井からは麺《めん》のような形の細い鍾乳石《しょうにゅうせき》がたくさんつららのように垂れ下がっていた。これを見て、江戸時代の木内石亭が『雲根志』の中で書いていた石部金山の坑内で見つけた石麪《せきめん》石というのは、きっとこのようなものが、天井から垂れさがっていたのだろうと想像した。

その後、坑内では適当な蛍石が見つからないため、坑口から出て下の小さなズリを探し、蛍石や黄銅鉱などの硫化鉱物を見つけることができた。帰宅後、持ち帰った蛍石にUVランプで紫外線を当てたところ、とても美しい蛍光が現れた。薄緑色の蛍石は明るい紫色に、白色の方解石はマンガンが含まれているのか、鮮やかな赤色に輝いた。私の経験では、県内産蛍石や方解石でこれほど美しい蛍光が見られる産地は他にはないと思われた。

その後、何度か通っているうち、昔の鉱山のことをよく知っているとして、紹介していただいた方の家を訪ねることになり、そこで、意外な話を聞かせてもらうことができた。

ゼロ式艦上戦闘機と蛍石　長径 3.5㎝

鉱石　蛍石　長径８㎝

戦時中、鉱山の責任者として児玉誉士夫《こだまよしお》が来ており、地元の人との交渉に当たっていたのだという。あのロッキード事件で右翼のフィクサーとして働いた人物だが、私ははじめ、児玉誉士夫とこの山奥の小さな鮎河鉱山がまったく結びつかず、妙な取り合わせだと思っていた。しかしその後思い直し、児玉誉士夫著『悪政、銃声、乱世風雲四十年の記録』『獄中、獄外 児玉誉士夫日記』などを読んだところ、彼は第二次世界大戦当時、海軍航空本部の嘱託《しょくたく》として児玉機関というものを作り、国内外で鉱物資源を中心に軍需物資の調達などをしていたことを知った。そして後に、この鉱山の名前については、昭和18年（1943）に発刊された『蛍石と蛍石鉱山』中に鮎河鉱山（蛍石鉱山）として記載されていることがわかった。

第二次世界大戦当時、航空機を作る際に必要なジュラルミンを製造するため、アルミニウムの精錬には氷晶石《ひょうしょうせき》という鉱物が必需品であった。しかしこの氷晶石は、世界中でただ1か所スウェーデン領だったアイスランドでしか商業的に採掘できるところはなく、日本では、戦況の激化とともに海外からの輸入もできなくなっていた。ただ同時期に氷晶石を蛍石から人工的に合成する技術（フッ化ソーダー法やフッ化水素法）が発見されていた。このため児玉誉士夫も海軍航空本部からの命令で、国内の蛍石鉱山などを自ら巡り、陣頭指揮し、蛍石を集めて軍に送っていたのではないかと推測している。

そして終戦となり、この鉱山のような商業ベースでは採算の取れない軍事物資用の小規模な鉱山は、ゼロ戦などの戦闘機などとともに消えていったのであろう。

鉱山の沿革としては、前述のとおり、昭和18年頃にはすでに蛍石鉱山として知られていた。

ただ『郡志』の黄銅鉱の節には、鮎河《あいが》村大字大河原において、明治8年（1875）頃黄銅鉱の発見と踏査《とうさ》をした者があったことが記されており、実際この鉱山のズリからは黄銅鉱などの硫化鉱物を採集したことがある。また、明治期の日本では、蛍石に商業的価値はまだなく、黄銅鉱の脈石（鉱石と一緒に鉱脈に出るが商業的価値のない石）として出ていた蛍石は、当時、注目されていなかったと思われる。

このため鮎河鉱山は、当初から、蛍石を目的とした鉱山だったとは考えにくく、銅などを採掘したおりに脈石として蛍石が産したことが知られていたものが、時代の要請とともに、蛍石鉱山となっていったのではないかと思われる。

終戦時期に閉鎖されたこの鉱山について、戦後、ＧＨＱ（連合国軍最高司令官総司令部）によって児玉機関にいた吉田高太郎への尋問が行われた結果、児玉機関の所有が明らかになったと書かれたものがある。ただその資料には採掘していた鉱石名が「ひょうたん石」となっており、何らかの事情で蛍石の名前が伏せられ、後述する鮎河で取れる珍石のひょうたん石と記されたものと考えられる。

8 マンガン鉱山

観音石が守る谷の鉱山――三雲《みくも》鉱山

［湖南市三雲妙感寺］

この妙感寺という地名については、『雲根志』の鐫刻類《せんこくるい》として取り上げられている観音石《かんおんせき》という石の所在地で、寺の名前でもある。

この石の説明として、実際にここを訪れた木内石亭は、「宝暦6年（1756）9月26日近畿、東海方面中心に暴風雨が荒狂い、近江国では、山崩れがあちこちに起こるほどの大洪水が発生し、山に囲まれた谷間の村（妙感寺村）の家が40～50軒ほど流され、30人余りが亡くなるという大惨事が起こった。その時、妙感寺の裏山も半分ほど崩れ、水も流れ出したが、どのような訳か5丈（15m）もある観音様が現れ、いつ頃、誰が作ったのかもわからない」と記している。

ただ、湖南市の資料を見ると実際は10月9日に土石流（「妙感寺流れ」と呼ばれる）が起こり、死者94名、流出家屋57軒となっており、現在、湖南市ではこの日を「防災の日」に制定し、毎年啓発活動が行われている。

三雲鉱山は、妙感寺の上部の谷の一つにあり、私も大きな台風が甲賀地域を襲った平成25年の晩秋、鉱山のことが気になり見に行った。それというのも、この鉱山に初めてたどり着くまでには相当長い時間と努力が必要だったからだ。

まず三雲鉱山の名前に出会ったのは『地方鉱床誌近畿』の中だった。特に花崗岩上に載《の》っているルーフペンダントのような形のマンガン鉱床とその中に貴蛋白石《きたんぱくせき》（オパール）が産出していたとの記録が目にとまった。このため地元の人たちから情報を集めると、昔、真っ黒な石を牛に運ばせていた人がいたことや、鉱山の大体の場所についても教えてもらうことができた。そこで何度か近辺を探したところ、マンガン鉱石の真っ黒な石は見つけることはできたが、草木が相当しげっており、結局、鉱山にはたどり着けないまま数年が経ってしまった。

その後、今度は水口地域の地質図で、地元の人たちから聞いた場所とは違う谷に、三雲鉱山と思われるマンガン鉱山の記号を見つけた。今度こそ見つけ出せるとの思いで付近の谷や山を何度も歩きまわったが、長石鉱山などはあったものの、肝心の三雲鉱山は見つからなかった。

またそれから数年後、この地質図の鉱山の位置が間違っているのではないかと思い直し、京都にある益富地学会館に行った。そして古い産地案内資料を探した結果、昭和期に松尾さんという方が書かれたガリ版刷りの産地案内を見つけることができた。

現地はこの案内図と少し変わってはいたが、何とか鉱山を見つけ出すことができ、大変感激した。しかしその時の鉱山は草木が生いしげっており、適当なサンプルを採集することもできないほどだった。そして残念だったのは、その場所が最初に地元の方から教えてもらった谷の一番奥だったことと、地質図の鉱山の位置が違っていたことだ。

一方、この台風の後の鉱山の状況は、草や木でおおわれていたところが、一面、土石流できれいに削られ、通りやすくなっていた。また昔、苦労してやっとたどり着いた鉱山のズリから

観音石

鉱石　アフテンスク鉱　長径 4.5㎝

鉱石　バラ輝石　長径５㎝

台風で流出したズリなど

と思われるピンク色のバラ輝石や黒光りしたアフテンスク鉱などの大きな鉱石がまるで広場に展示されているように、一面に林道まで散らばっていた。このため、いとも簡単に鉱山まで行くことができ、誰にも荒らされていない場所で、好きなだけ新鮮な標本を採集することができた。大きな台風などの直後には人力ではとても不可能なこのような状況が見られることがある。特にこの地域のように、花崗岩の風化地帯では、大雨が続くとこんなにも地形が変わってしまうのか、と驚くとともに、自然の圧倒的な力の大きさや恐ろしさを実感した。

採集後、観音石を見に行こうと思い、妙感寺に立ち寄った。この時、運よく住職さんもおられたので、妙感寺流れの話をうかがったところ、伝え聞いた話として話されるには、その日、寺の前をものすごい勢いで土石流が流れて行った。この寺は川からは少し高いところにあったので何とか流されずにすんだが、川の流れも変わり景色もまったく変わってしまったことなどを話された。そして、この時の慰霊碑が今も境内に残されていること、また観音石のある場所についても教えていただくことができた。観音石は寺の裏から少し上がったところに小屋掛けしてあり、今も丁寧に祀《まつ》られているようで、花も活けられ、きれいに掃除がされていた。観音像については少し苔《こけ》むしていたが、確かに大きなもので横に湖南市教育委員会による説明板があり、彫刻の様式からみて鎌倉期のものと記載されていた。

9 鉄鉱山

天平の製鉄を支えた磁鉄鉱か？——マキノ鉱山

［高島市マキノ町］

この鉱山は、『日本地方鉱床誌近畿』に「接触交代《せっしょくこうたい》鉱床に属し南端部に露出している黒雲母花崗岩（白亜紀新期）によって、石灰岩及び石灰質粘板岩などが接触交代作用を受けて生成された層状のスカルン帯中に不規則な塊状を呈して胚胎《はいたい》する。鉱石鉱物は磁鉄鉱を主として少量の赤鉄鉱を随伴する。脈石鉱物には珪灰鉄鉱《けいかいてっこう》が最も多くヘデンベルグ輝石、珪灰《けいかい》石、透輝《とうき》石、灰鉄柘榴石《かいてつざくろいし》、灰バン柘榴石などがある」と書かれている。

また、鉱山では今でも磁鉄鉱や柘榴石、珪灰《けいかい》鉄鉱などが見られるものの、私には、鉱山から眺める竹生島の景色の方が強く印象に残っている。ただ風光明媚《ふうこうめいび》な分、桜の季節には車や人が多く、避けたほうがよいところでもある。

滋賀県はあまり鉱山や工業とは縁がないところだと思われる方も多いが、湖北や湖西地方では『マキノ町史』にも書かれているように古代製鉄の遺跡が多数発見されており、当時の製鉄コンビナートとも言える場所であった。『続日本紀』に天平14年（742）「近江国司、有勢之家専ラ鉄穴（カンナ）ヲ貪リ、貧賤之民、採用得ザルヲ禁断セシム」や、同じく天平宝字6年（762）には「大師藤原恵美朝臣押勝、近江国浅井高島ニ鉄穴各一處ヲ賜ル」と高島、浅井地

マキノ鉱山産　磁鉄鉱　長径６㎝

石部金山産　磁鉄鉱　長径 11㎝

第1章　鉱山

文中の磁鉄鉱関連地

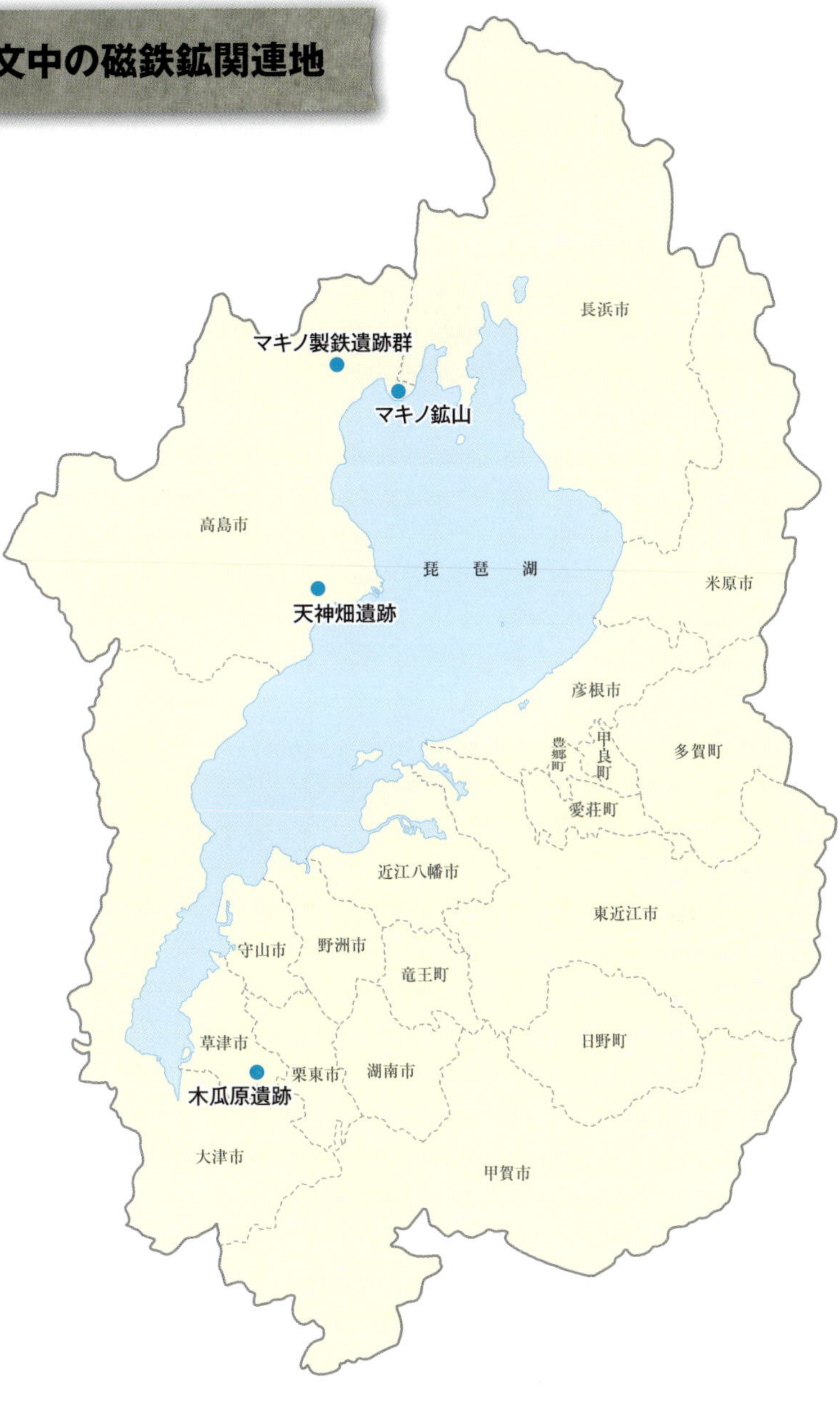
マキノ製鉄遺跡群
マキノ鉱山
長浜市
高島市
琵琶湖
米原市
天神畑遺跡
彦根市
豊郷町
甲良町
多賀町
愛荘町
近江八幡市
東近江市
守山市
野洲市
竜王町
日野町
草津市
栗東市
湖南市
木瓜原遺跡
大津市
甲賀市

域を特定し鉄穴（鉄鉱石を採掘する坑口と考えられる物）を記した記録が残されている。

天平宝字の記録は、時の太政大臣であった藤原仲麻呂《ふじわらのなかまろ》（恵美押勝《えみのおしかつ》）に鉄鉱石の坑口、2か所を与えたと解釈できる。

このように奈良時代からすでに当地域では磁鉄鉱の採掘から製錬まで行われていたことが知られている。

以前、滋賀県文化財保護協会の方から、高島市内の渡来系の人々の住居跡と考えられる天神《てんじん》畑《ばた》遺跡で、発掘された備蓄鉱と思われる鉄鉱石を見せていただいたことがある。それらは、一部に自形結晶の見られるほとんど脈石をともなわない品位の高い磁鉄鉱で、岡山県の三宝鉱山産の磁鉄鉱と雰囲気がよく似ていた。また、角のとれた形態から、鉱山で直接、岩盤から採掘したものではなく、湖岸や川原などに堆積《たいせき》した物と推測できた。

一方、県内では七世紀頃の大規模な製鉄遺跡である木瓜原《ぼけわら》遺跡などが瀬田丘陵で見つかっている。このため県内では、どこの鉄鉱石か知りたくて、詳細を、草津市の文化財保護課に尋ねたところ、高品位の磁鉄鉱で、成分分析の結果は、県内の磁鉄鉱産地に該当するところがないとのことだった。運搬手段が人力や船、馬や牛しかない時代に、一体どこから運んだのか、大変不思議である。鉱山の沿革としては昭和39年（1964）から昭和40年にかけて手掘りで採掘が行われたと地質調査所『竹生島地域の地質』には書かれている。

10 砥石（砂岩質ホルンフェルス）採掘場

［甲賀市信楽町宮町］

レールに残る盛衰の跡——宮町砥石採掘場

この雅《みやび》な名前のついた砥石《といし》の採掘場は、信楽町宮町から県道の53号を登り大納言山への林道の途中にある。宮町は聖武天皇が築いた紫香楽《しがらき》宮遺跡にあり、付近から奈良時代の銅の製錬、鋳造遺跡の鍛冶屋《かじや》敷《しき》遺跡も見つかっており、歴史的に大変重要な地域である。

『郡志』の砂岩（荒砥石）の節に、「雲井村大字宮町の西北約二〇町、海抜高五八〇米《メートル》の高地より荒砥石を産す。雑用砥石としては優良のものなり。極めて小規模の採掘搬出に過ぎずして年産額最近四千貫目価格約金二百円に及べるのみ、但之によりてよく付近各農家の需用を充たし多少他地方にも販路ありて、宮町砥の名を称するに至る」と書かれている。

この産地を訪れてみると周囲は花崗岩地帯で、採掘場付近が熱変成を受けた堆積岩となっており、明らかにホルンフェルス（熱変成を受けた砂岩や泥岩）に変化している。採掘場は現在、林道で二分されているが、地層は、はっきり確認できる状態である。また下部の平坦《へいたん》面には一時期、盛大に採掘していた跡らしく、トロッコ用のレールも残されている。地元宮町の方にこの採掘場のことを尋ねたところ、「昔、宮町砥石は寺の入札で宮町の人が五年間を一区切りに採掘権を買っていたが、昭和の最後の頃には牧の材木屋が入札で落とし、販売していた」とのことだった。また「草刈用の荒砥《あらと》（きめの粗《あら》い砥石）としての評判はよく、三重県などからも鎌《かま》の切れが違うと、自転車でたくさん買い付けにやってきた人たちがいた」との話もされた。

砥石は、昔から農具や武器等の研磨に使用されたので、県内でもあちこちに砥石に関係する地名が残されている。また粒度《りゅうど》や硬度により、荒砥から仕上げ砥まで用途がわかれる。そして、これら自然石を使った製品の場合、どうしても品質のよい部分が多量にあるわけではなく、この採掘場も昭和期に機械を使用し、大量生産したために短期間で砥石資源が枯渇《こかつ》してしまったのか、あるいは安い人造砥石の普及によって衰退したものと考えられる。現在、自然石の砥石は大変高価だが、昭和頃までであれば、水口町内の金物屋で簡単に手に入れることができたとの話も聞いた。この宮町砥は栗東市の砥山砥《とやまと》と同じく熱変成した砂岩と考えられ、層理面から板状に採掘されたのでないかと思う。採掘場跡では層理に沿ってきれいに割られた砥石の原石と古い三ツ矢サイダーの空き瓶を見つけた。私が小さかった頃によく飲んでいたような古い形の瓶で、ミルクと混ぜて飲んだはるか昔を思い出させてくれた。

沿革については不明だが、相当古くから地元の人たちが採掘していた可能性があると思われ、今後、紫香楽宮《しがらきのみや》遺跡で砥石が見つかるようであれば、ぜひ、宮町砥石と同じものかどうかこの目で確かめてみたいと思っている。

採掘場に残されたレール

砥石原石（砂岩） 長径 17㎝

11 白土（火山灰）採掘場

175万年前の飛騨の旅人——五軒茶屋白土採掘場

［湖南市緑台2丁目］

この火山灰採掘場については、琵琶湖博物館研究調査報告26号に「約175万年前に岐阜県北部で噴出し大阪、北陸、伊勢湾周辺、房総半島、新潟などに広範囲に確認されている火山灰層を採掘したもの」とされている。また、昭和頃までは、白土や浮石砂等の名前で滋賀県の水口町などでも金属を磨いたり、精米に使用するために採掘されていた。『図説』には、甲賀郡伴中山《ばんなかやま》村での白土採掘の様子や売上高、用途などが書かれている。白土と一概に言っても堆積する環境や成分、粒度の違い等により用途が違っていたようで、伴中山村では陶器の生地《きじ》用や人形の下塗り用また金物のみがき用などに使われたと書かれている。

五軒茶屋《ごけんぢゃや》（石部町と甲西町が合併後、湖南市緑台2丁目となる）の採掘場は規模が大きく坑道堀もなされたようだ。近くに住んでおられる方にもうかがったところ、「この採掘場は第二次世界大戦の末期には、すでに稼業していなかったが、電気のない時に、石臼《いしうす》に掘った火山灰をそのまま一握り、玄米と一緒に入れ、糠《ぬか》と白米を搗《つ》き分けるのに使っていた」とのことだった。また別の方からは、「自分の家では鍋を磨くのに使っていたがコメの精米には使った記憶はない」とのことや、「自分の母親が若いころにはすでに採掘しており、自分の時は5、6人がスコッ

火山灰層を含む地層

『図説』に見る白土掘り（滋賀県立図書館提供）

白土（火山灰）

プを使って掘っており、その砂をもらっていた」と話された。ふたりともすでに80歳を超えられているため、話からすると、ここでは、明治期には採掘されていたと考えられる。また働いていた人たちは近隣の人ではなかったとのことだった。

この白い砂を顕微鏡で見てみると、火山灰らしくチカチカ光る小さな石英粒がほとんどで、これにより精米の能率が上がったのだろうと思われた。しかし、精米時に白米と糠を分けるつき粉としての役割は、精米機の進歩や昭和20年に発令された穀類精穀取締法により、白土《しらつち》の使用が法律的に禁止され衰退していったと考えられる。また『雲根志』にも自然灰や磨砂として取り上げられており、当時も研磨剤や、ふのり（海藻から取れる糊）と混ぜ使われていたようだが、この砂が火山灰だという認識はなく、滑石《かっせき》の一種のようにとらえていた。

現在も火山灰は工業用や家庭用の磨き粉やガラスの原料、陶器の釉薬《ゆうやく》として利用されているが県内での商業的採掘は行われていない。また、採掘場付近は道路工事などで大きく地形が変わっているものの、付近の崖には、白い火山灰層が露出しているところが残されている。

12 水晶（六方石）採掘地

ムーンストーン（月長石《げっちょうせき》）の光も神秘的——岩根山

［湖南市岩根］

岩根山は水晶産地として『雲根志』にもその名が記され、『郡志』の水晶の項には、「岩根の他石部、朝宮、多羅尾、に産出するがほとんどが煙か黒水晶で以前は採取するものが多かったが現今は砂防工事が施されたため衰えた」とある。

また岩根水晶の名前は早くから世上に知られていたとも書かれ、特に甲賀郡岩根村字《あざ》花園には巨大で完全な結晶の水晶があるとして、直径11㎝、高さ８㎝の美しい水晶のことを取り上げている。そして小さな晶洞からもたくさん産出するが、乳白色の普通石英に属するとあり、当時、透明なもの以外は石英として区別していたことがわかる。

花園付近には以前から、相当大きな晶洞が多くあったようで、最近でも付近の家の軒先に高さが20㎝ほどの美しい水晶が無造作に置いてあるのを見かけたこともあった。実際に同程度の大きさのものを私自身もこの場所で採集している。また大きな晶洞の場合、一度に大小合わせると１００本以上採集できることもある。付近の山々は花崗岩地帯のため、無色透明な水晶は少なく、煙水晶や黒水晶が主だが、ペグマタイト部分からは、あの何とも言えない神秘的な光を放つ月長石（ムーンストーン）や典型的な蓬《よもぎ》色の緑簾《りょくれん》石、玉滴《ぎょくてき》石も出ている。しかし、何と言っても私が県内で一番好きな岩根の水晶は、高さ15cmほどのもので、表面が他の鉱物でコーティングされ、長石のような質感の物である。そして2本の水晶が組み合わされた端正な姿をし、表面に陶器にみられるような火だすき様の模様が入っているものだ。

最近まで、岩根では、数か所での砂防工事中に水晶などのペグマタイト鉱物が多くみられた。しかし工事終了とともに草木が生えまったくわからなくなってしまったり、工事中に現場の人が持って帰ってしまうことが多くなって、よいものに出会いにくくなってしまった。

滋賀県で、これらの水晶がいつ頃から商業的に採掘されるようになったのかは不明である。しかし江戸時代には、置物や数珠《じゅず》、石薬の材料として、田上山産のものなどが近江の物産として商品化されていたと考えられる。

県下には他にも田上山、長浜市西浅井町山門《やまかど》、高島等の大きな水晶産地があるが、私たちが昔、時を忘れ、水晶探しに夢中になっていた頃とは違い、現在、多くの子供たちは、外に出て遊ばなくなってしまい、まして危険をともなう山の中での水晶探しなど経験しなくなってしまった。このような子供たちの姿を見ると、せっかく自然がくれた地球の宝物の水晶をお金ではなく、自分の手で自由に探し当てる楽しみをぜひ、体験してほしいと思うのである。

煙水晶　長径 14㎝

煙水晶　長径 8㎝

他の鉱物でコーティングされた
煙水晶　長径 18㎝

月長石入りカリ長石　長径 7㎝

13 石灰岩鉱山

太古の海からの贈り物――石部灰山

［湖南市緑台］

県内には湖東や湖北を中心に石灰岩資源は豊富にあり、江戸期にはすでに農業や建築等に使われていた。これらの石灰岩は、その中に見られるフズリナやウミユリ等の化石からもわかるように海の中にすんでいた生物起源のものが多い。それではなぜそんなものが滋賀県の石部にあるのだろうか。これは地球の表面をおおういくつかのプレートと呼ばれるものの動きにより、遠い昔、太平洋の真っただ中にできたサンゴ礁等が、はるばる日本にまで移動してユーラシアプレートの下にもぐりこめなかったため、上部に出てきたものと考えられている。

灰山の石灰岩は国土地理院の地質図の説明によると、約1億７６００万年前から1億４６００年前に付加したものとされている。ただ石部灰山の石灰岩は強く変質しており、化石を見ることはできない。また、石部灰山について、『郡志』の説明によれば「石部石灰山は石部町大字石部の西端石部山にありて全山石灰鉱を以て構成せり」と書かれているとおり、現在も石部駅から見ると、灰色に見える部分すべてが石灰岩で、できていることがわかる。

沿革として、『郡志』には、石部灰山に石灰製造所が2か所あり、下灰山は寛政5年（１７９３）内貴勘治《ないきかんじ》が開発を始め、上灰山は井上敬祐《けいすけ》が文化2年（１８０５）に苦労の末に許可を受け始

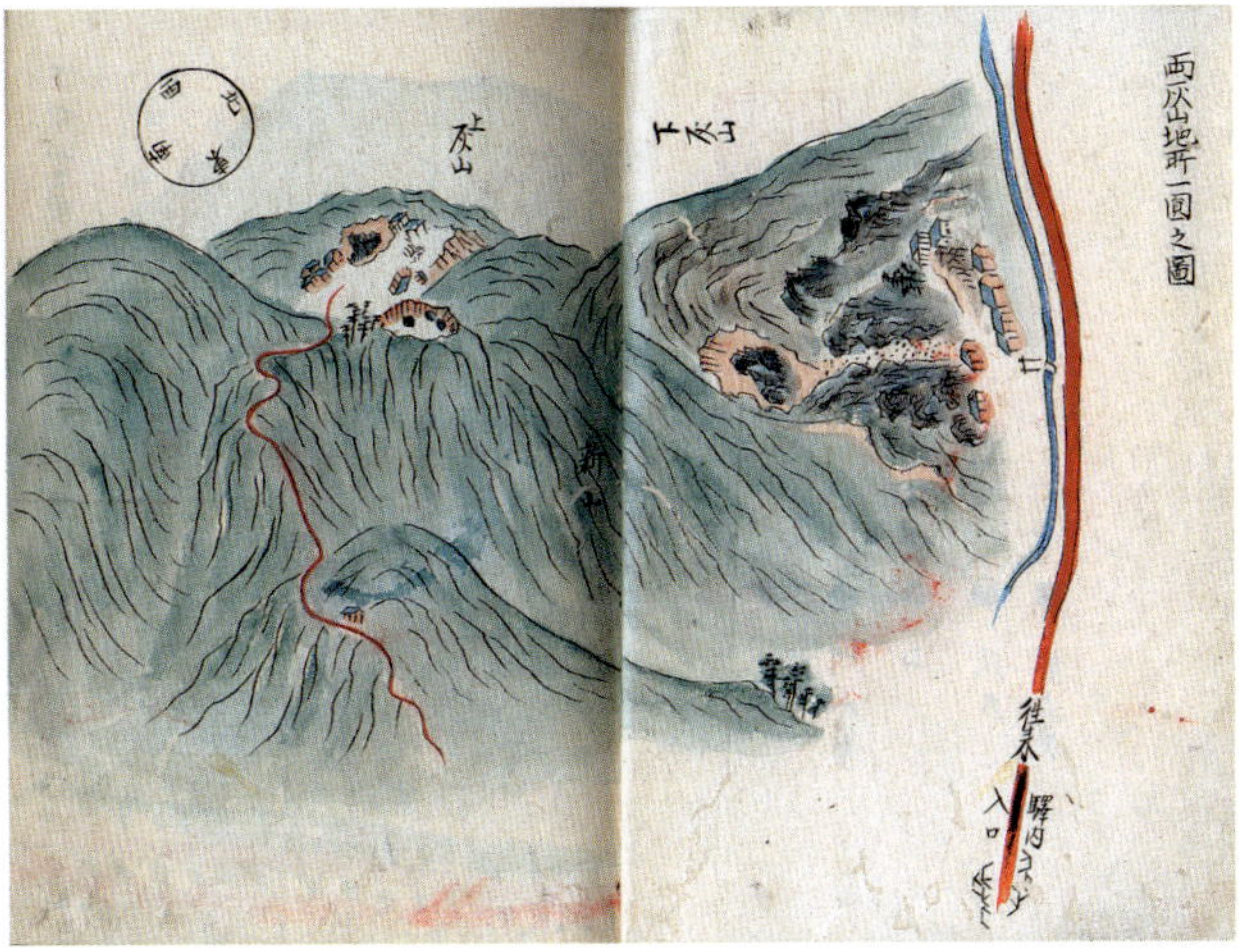

『図説』に見る両石灰地所一円之図（滋賀県立図書館提供）

『図説』に見る竈場製灰之図（滋賀県立図書館提供）

めたとある。その後、明治12年（1879）に経営上の理由から、上灰山での製造を止め、下灰山のみでの製造となったと書かれている。『図説』には上灰山で操業していた時の様子も描かれ、絵図からは当時の上灰山、下灰山、石部村銅山の位置関係がはっきり見てとれる。

それによると上下灰山に灰窯などがあり、すでに操業を終えていたと思われる石部村銅山は坑口以外、付近には何も描かれていない。現在、上灰山や下灰山共に灰窯はなくなっており、下灰山では石灰岩が建設用のバラスとして採石されている。下灰山の灰窯については、近所の方の話によると、第二次世界大戦時に夜間、空襲の標的になるとして操業が止められ、その後、窯の横にある河川工事の時に灰窯自体も崩されてしまったとのことだった。しかし、まだ灰窯跡と思える基礎部分は少し見られるが、明治初期の灰窯全体の姿は『図説』にしか残されていない。

鉱物採集の面から灰山を見れば、石灰岩はほとんど方解石からできているため、変質していなければ、何の変哲もないただの灰色の岩ばかりしか見つけられなかっただろう。しかしこの場所は火成岩の熱や成分による変成、水や空気中の成分によってさまざまな鉱物が誕生した。以前、採石が盛んだったおりに、酸化した部分等にベゼリ石、水亜鉛銅鉱《すいあえんどうこう》などの美しい二次鉱物が多産し、多くの鉱物採集家を楽しませてくれた。当時、現場監督の方も快く採集を許可してくれていた。そしてベゼリ石の産出がありそうな場所に重機が入ったおりには、滋賀県を中心としたアマチュアの鉱物採集家たちが日参してそれを見守っており、ついに彼らは、すばらしい標本が粉々になる直前に手に入れることができた。

私は、残念ながら当日、仕事が忙しくて行けず、連絡を受け、次の日に現場を訪れ採集することになった。少量だったが、とても美しい透明な空色の自形結晶を手にすることができた。しかし後日、聞いた話によれば、当日、採集に参加した人たちの中で採集したばかりのベゼリ石のすばらしい標本がなくなるという事件が起こったとのことで、鉱物と人間との生臭い話の一つとなってしまった。また中には、実際、ここには出ていない種類やサイズの鉱物が出ると宣伝し大嘘をつく人もおり、どんな美しい物にでも人間が関わると本当に恐ろしいことになってしまうことがよくある。この灰山も現在では二次鉱物が産出する酸化帯がほとんど見られなくなり、新鮮な石灰岩だけになってしまい、元の静けさが戻った。県内では米原市醒井《さめがい》に現在でも灰窯が往時の姿で残され、海津にも崩れた灰窯も残っており、今後、県の産業遺跡の一つとして1か所ぐらいは残してほしいと願うものである。

石部灰山現況

鉱石　石灰岩　長径９㎝

14 亜炭（褐炭）鉱山

古代のメタセコイア亜炭のにおい？——杉谷褐炭《かったん》抗

［甲賀市甲南町杉谷］

この亜炭鉱山も含めて、滋賀県の湖東地域や甲賀、湖南地域等には、古琵琶湖層群中に含まれる亜炭を採掘した大小の亜炭鉱山があった。亜炭というのは炭化があまり進んでいない石炭のことであるが、すでに江戸時代の本にも近江の物産として「岩木《いわき》」と紹介されていた。亜炭の用途としては、主に家庭の暖房用などに使われたが、火がつきにくく、熱量も高くないうえに臭いが嫌われた。第二次世界大戦後も資源不足の時は、燃料として使われたが、徐々に需要がなくなり、その後すべての炭鉱が閉山してしまった。日野町などでは、掘られた坑道のため地盤沈下も起こったことが記録に残されている。また、これらの炭鉱中、甲賀地域では、甲南町の杉谷褐炭抗が当時では規模が大きいことや、立地が川の近くにあったため、水もれや落盤の危険があったと『郡志』に書かれている。

現在、鉱山は、小学校前の河原に真っ黒に見える亜炭層が、一部露出しているだけの状態になっている。この亜炭は濡《ぬ》れていると真っ黒に見えるが、乾くとこげ茶色になり、元の木の姿が残されてはがれるように割れる。

沿革としては大正の末期頃に採掘が始まったと書かれているが、閉山の時期は不明である。

川底の亜炭層（黒色の部分）

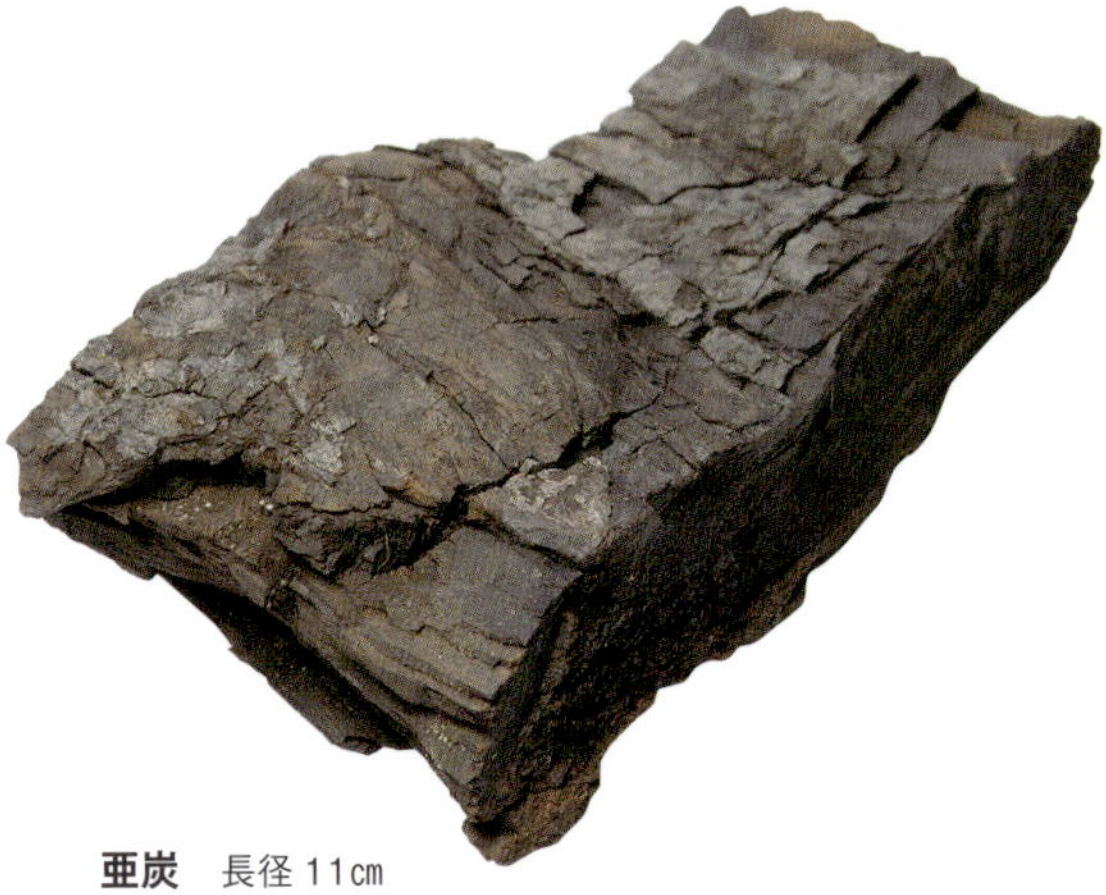

亜炭　長径 11㎝

近所の方から聞かせてもらった話によると、昭和30年頃にはすでに坑口付近は池になり魚が泳いでいたとのことだった。滋賀県の亜炭は古琵琶湖層群中の周辺部から見つかるため、当時、琵琶湖の湖岸あたりにうっそうと生えていた木々が堆積したものと考えられている。また亜炭の樹種はメタセコイアなどの針葉樹が多いとされる。

以前、一度、その亜炭を燃やした時の臭いとはどのようなものか知りたいと思い立ち、少量で、それもメタセコイアかどうか判別できない物を燃やしてみたところ、初め少し鼻にツンと来るような刺激臭があり、その後は石炭や薪《たきぎ》とは異なる何とも言えない複雑な臭いがした。

15 チャート（火打石）採掘場

江戸時代の火打石はしっかり検査済——白倉谷火打石採掘場［甲賀市土山町］

火打石というと、石どうしを打ち当てて、火花をだすと思われるかもしれないが、火打石と鋼鉄製の火打金《ひうちがね》を打ち当てて、金属の火花を出し、火口《ほくち》と呼ばれる燃えやすい木の繊維等に火をつけるものである。ただ黄鉄鉱の硬い結晶を使用すれば、石どうしでも火花は飛ぶようだ。日本では、江戸時代末期、外国から持ち込まれたマッチが作られ始めたが、明治中期頃にようやく一般に普及するようになったとされ、それまでは火打石が使われていたと思われる。使われた石については石英系統の石が多く使われたようで、特にメノウや玉髄《ぎょくずい》が好まれた。

白倉谷の火打石は、石英に似た成分からできている堆積岩のチャートという岩石で、あちこちに普通に見られる岩石である。しかし、なぜ、こんな山奥の、この場所までチャートを採掘にきていたのかがわかる資料が『図説』の中にあった。それは割りとった石にわざわざ1個ずつ火打金を打ちあて、火花の出具合を調べている場面が描かれているもので、当時の人たちにとっては、同じ石のように見えても、割りとった石の火花の出具合が微妙に違うことを、体験的に知っていたからだと思われる。また同じチャートでも、目で見ただけではわかりにくいが、きっと白倉谷のチャートは他産地のものと比べて、緻密《ちみつ》でひび割れが少なく、火花がよく出るものだったのだろうと思う。

県内では他に草津市の狼《おおかみ》川でも同じく、火打石が取れたことが『雲根志』に取り上げられているが、ここの物はあまりよい石ではなかったと書かれている。反対に質がよいものとして京都の鞍馬に出る石や岐阜県の養老の滝付近のものがあげられている。そして中でも石英と同じ二酸化珪素からできているメノウは質がよいとされていた。

チャートの利用法としては、他に明治33年（1900）に発刊された『日本鉱産誌』に、日野町の鎌掛《かいがけ》付近で採掘された「板石」が取り上げられている。これは火打石用ではなく、チャートを塀などに使う材料として採掘したようで、チャートの層理面（質の違った層と層の間の面）が平行に直線的に割れやすい部分を利用したものだ。この採掘場所は現在、鎌掛の屏風《びょうぶ》岩として保存されており、層状になったチャート層が観察できる。

同じくチャートの面が、断層面でなめらかな場合は、鏡石とも呼ばれる。その中でも、かつて京都の鷹峯《たかがみね》にあった断層面は大変有名で、木内石亭も『雲根志』光彩類の中で砥石のように平らでガラスのように光ると説明している。

日野町鎌掛の屏風岩遠景

白倉谷産チャート　長径９㎝

『図説』に見る火打石砕図（滋賀県立図書館提供）

第1章　鉱山

16 長石鉱山

おいしいミネラルウォーターの湧く鉱山――井上長石鉱山

［大津市石山］

滋賀県の湖南地域から三重県にかけて、特異な長石鉱床に多くの鉱山があったことが『地方鉱床誌』中には書かれている。そして、これらの地域で鉱山が開発されたのは明治中期からで、それが大正、昭和へと拡大していったとされ、この鉱山もその一つとして取り上げられている。また江戸時代、『雲根志』中にも長石は「焼物薬」の名称で取りあげられている。木内石亭が田上の羽栗《はぐり》山に鉱物採集に行った時、信楽の焼き物師が「せき」と呼ばれる蝋石《ろうせき》のような、うす白い硬い石を拾って持って帰っていると書かれ、当時からこの地域で陶器のうわ薬として長石も採集されていたと考えられる。鉱山の沿革は昭和17年（1942）井上太郎氏により当初は陶磁器の材料として開発され、現在は鉱山の湧き水を取水し、ミネラルウォーターとして加工販売されている。

昔は鉱山の坑道から出る水の処理には、大変な苦労があったが、近年、温泉やミネラルウォーターとして活用するなど、鉱山によっては水が新しい地下資源となっている。この鉱山の鉱石は何と言っても花崗岩から変質した真っ白な長石で、見るからに高品位に見えるものだ。これらの長石は全国あちこちの陶磁器産地で高級陶磁器に生まれ変わり、我々の生活に豊かさや美しさを与えてくれた。また、ここでは一部に蛍石が出ていたようである。以前、この鉱山で長石を掘っていたという人にこのことを尋ねてみたが、知らないとのことだった。『生きている化石湖』（滋賀地学研究会編）にはこの長石鉱床のことが詳しく説明されており、参考になる。

花崗岩の変質した長石　井上長石鉱山産　長径７㎝

晶洞のカリ長石　高島市高島産　長径５㎝

17 陶土採掘場

姿を変えるタヌキの里、紫香楽《しがらき》最後の陶土鉱山——三郷山陶土採掘場

［甲賀市信楽町神山］

滋賀県の陶器といえば信楽を、そして信楽の陶器といえばタヌキを思い出すほど、信楽のタヌキは有名で、町のいたるところにタヌキが遊んでいる。現在、私の家にも2匹タヌキが住んでいるが、1匹は祖母の家にあったもので怖い顔をしており、もう1匹は愛嬌《あいきょう》のある顔で玄関に立っている。タヌキがなぜ信楽で作られるようになったのかについては、明治初期創業の窯元、狸庵のホームページに、「初代狸庵の陶芸家藤原鐵造《てつぞう》が京都の清水焼を修行中、ある月夜に大狸、子狸が遊んでいる姿を見たことでインスピレーションがわき、昭和13年（1938）から本格的に製造するようになった。そして昭和26年（1951）の昭和天皇の全国巡行のおり、信楽ではタヌキが国旗を持ち出迎え、天皇が大変喜ばれたことから有名になった」と書かれている。

一方、粘土という素材は化けるのがうまく、第二次世界大戦時には、鉄不足や金属探知機を欺《あざむ》くため、地雷や手榴弾《しゅりゅうだん》にも使われた。写真（67頁）の地雷は、信楽町にあった国富産業製の地雷本体で、敗戦後、進駐軍が来るというので急いで裏山に埋められたものである。

歴史的に見れば滋賀県での陶器製造は、『日本書紀』垂仁記に「近江国の鏡村の谷の陶人は、天日槍《あめのひぼこ》の従人なり」と記され、湖南地域での作陶が最も古く5世紀中頃までさかのぼるのではないかとされている。また、信楽焼の起源については鎌倉時代頃から始められたようだ。

この三郷山鉱山の粘土の特徴は、耐火性、可塑《かそ》性、腰の強さなどから品質的によかったようであるが、ここの粘土が実際にタヌキにも使われていたかどうかはわからない。また、この粘土は古琵琶湖層群と呼ばれる地層から採掘されるもので、前述の亜炭と同期に堆積したものと考えられている。写真のように亜炭の混じった木節《きぶし》粘土、亜炭やカエルの目のような石英粒が中にある蛙目《がいろめ》粘土層が積み重なり、この場所での地殻変動や気候変動などの跡が確認できる。

沿革については、昭和24年（1949）から人力での採掘が始まり、有名な汽車土瓶《どびん》（汽車の中で使う陶器製のお茶入れ）にも使用された。平成に入り操業を止め、信楽地域での粘土採掘は終わりを告げた。現在、跡地は太陽光発電施設となり、入れなくなっている。

怖い顔のタヌキ

第1章　鉱山

陶器製地雷

粘土層と亜炭層（黒色）

Column

石の採集に当たって

用具

①ハンマー
岩石専用のピックハンマーが少し高価だが、丈夫で使いやすく安全。大きな石の場合はそれに見合ったものを捜す。

②タガネ
角と平があり、用途に応じ使い分ける。もし手を打ちつけてしまう心配があれば、プロテクターつきのタガネもある。

③スコップ
基本的には両手が使えるように、リュックに入る大きさのものだが、折り畳み式のものは、使いづらい。

④リュック
丈夫な生地で、重いものが背負えるような、しっかりした作りのもの。

⑤ふるい
小さなもの、川流れの結晶や泥落としに使う。網目の大きさも2種類程度は必要。

⑥パンニング皿
比重の大きな鉱物や、ふるいでは引っかからない大きさのものに使用。

⑦ **磁石**

方位磁石と石の磁性を見るため、リング状の小さなものをひもで吊るせるようにしたもの。

⑧ **ルーペ**

10倍程度のものがあれば、二次鉱物などに役立つ。

⑨ **地図**

2万5千分の1地形図、国土地理院からのインターネットサービスで見ることもできる。

⑩ **ヘルメット**

坑道に入る時や、落石の危険がある場合に使用する。

⑪ **ヘッドランプ**

坑道や夜間に使う。両手を使える状態にしておくため。

⑫ **布製の採集袋とファスナー付きビニール袋、古新聞紙**

石の包装やクッションとして使う。

⑬ **電工バケツ**

場所を移動しながら採集する場合の用具入れに用いる。

⑭ **その他**

カメラ、筆記用具、クッション用テッシュ、バンドエイド、虫よけスプレー等、季節、産地に合わせた用具を準備。

採集用具

服装

① 夏冬ともに丈夫な長袖シャツ、長ズボン

防虫、日焼け、けが、かぶれ、ヘビの対策。

② 靴は長靴が基本となる

水、ヘビ、防虫、けがの対策。

③ 手袋は軍手か革製の作業用手袋

角の鋭い石なども多く、予備を持っていくと安心である。

④ 帽子

風に飛ばされないようなもの。

⑤ 雨具

上下セパレートになるもの。

標本処理と保存

まず採集した標本の泥を、歯ブラシなど使って落とし、水に溶けない物であれば水洗いし、乾燥させる。また、水晶など、鉄分で汚れている場合などは、屋外で家庭用の塩素系のトイレ用洗剤の中に浸け様子を見る。きれいになれば、水で洗い、また同じ程度の時間、水につけて、完全に塩素が取れてから乾燥させる。乾燥後ハンマーなどを使って余分なところを割りとるなど整形し、標本箱に収めることになる。この時、

必ず標本ラベルも一緒に作ることが大切である。

ラベルの内容については、産出場所は、詳しく記入する。鉱物名について、わからなければ、いろいろな参考書を調べ、自分なりに見当をつけた名前を一応書き、その最後に「?」マークを入れておく。後日、石の同好会などで、その産地に詳しい人や専門家に見てもらい「?」マークがはずせるように努力したい。また英語名や化学組成まで入れれば、勉強になる。私も鉱物鑑定士補のままなので、当然、肉眼鑑定ではわからない鉱物もあり、「?」マークの標本も多いので困っている。しかし、採集したままほっておくと、マンガンなどでは、よく似た石があるので結局、産地がわからなくなってしまい標本としての価値がなくなってしまう。

また標本箱については、市販されているものが機能的で美しい。しかし私は、空箱から縦横一定割合で倍数のサイズに切り取り、整理しやすく、ゴミが出ないようにしている。そして、ほこりがつかないように、外箱やタンスの中に保存している。

これらの標本については、展示ケースの中に入れ、美しく産地別に分けている人もいれば、組成別に分けている人もおり、人それぞれで、自身の好みや外的な条件に合わせて整理を行っている。ただ、鉱物の中には、白鉄鉱のように酸素で分解したり、トパーズのように、光で色がなくなってしまったり、緑マンガン鉱のように、すぐ真っ黒になったりするものがある。このためそれぞれに、適した環境で保存できればと思い、対策を行うが、なかなかうまくいかない。

18 柘榴石鉱山

侵入禁止の柘榴《ざくろ》石鉱山——小ツ組《こつぐみ》の柘榴石採掘場

［長浜市西浅井町大浦字小ツ組］

柘榴石は、宝石では、1月の誕生石として、ガーネットとも呼ばれている。鉄バン柘榴石の赤い色や形が柘榴の実と似ているためにつけられた名称だ。しかし単に柘榴石と言っても本当は多くの種類があり、成分の違いにより名前がつけられ、色も緑や赤、黒、オレンジ等さまざまである。

県内では長浜市西浅井町大浦の小ツ組や同町月出《つきで》に鉱山跡があり、鉄とカルシウムに富む灰鉄柘榴石の産地として有名なところである。また、柘榴石は硬度が約7で水晶程度の硬さがあるため、多くは研磨用として出荷されていたようだが、月出の柘榴石は鋳物砂《いものずな》として利用された。沿革としては、平成13年（2001）地質調査所発刊の『竹生島地域の地質』中、月出については、昭和15年（1940）頃採掘されたとあるが、小ツ組のことは書かれていない。またどこに運ばれ加工されたのかは不明である。小ツ組では、少し前まで、柘榴石の晶洞から、濃緑色をした大きくてきれいな色の柘榴石や小さな水晶が採集できた。しかし現在、山主により侵入禁止となっており、採集はできない。県内では他に、鉄バン柘榴石、マンバン柘榴石等いろいろな種類の柘榴石が採集できるものの、ほとんどが標本的価値しかなく、宝石としてルースに加工するほどの物は見当たらない。しかし一時、湖南市の三雲駅近くでは、鉄バン柘榴石が試掘されたがサイズが小さかった。国内では奈良県川迫《こうせ》鉱山産の灰鉄柘榴石のようにレインボーガーネットとも呼ばれ宝石として十分通用するものもあり、県外産であるが、美しいので写真を載せておく。

長浜市月出産　長径８㎝

川迫鉱山　灰鉄ザクロ石　長径１㎝

長浜市小ツ組産　長径２㎝

19 珪石《けいせき》（石英）鉱山

真っ白な石の谷——白石谷採掘場

［大津市桐生白石谷］

　滋賀県で珪石（石英）は、明治期や大正期にも田上山の白石谷や信楽の六角（信楽町多羅尾高宮神社付近）、その他の鉱山で採掘され、板ガラスや陶器等に使用されてきた。そして、現在、珪長石鉱山と呼ばれる石英や長石が主体となるアプライト（半花崗岩）が採掘され陶磁器やタイル等に使用されている。

　『雲根志』には「硝子石（びいどろいし）」が取り上げられ、木内石亭が人から聞いた話として、長崎や豊前《ぶぜん》（福岡県東部から大分県北部にかけて）で透明な石を破砕《はさい》して溶かしガラスを作るということが書かれており、これを見ると、当時、すでに石英を溶かしガラスを作る技術は、相当一般化していたようだ。石英の自形結晶が水晶なので、水晶産地でもあった信楽町六角では、ペグマタイトの石英や晶洞内の水晶を採掘し、板ガラス製造用に出荷していたものと思われる。これに対して、この白石谷は名前からして、石英や石灰岩等と関係のありそうなところだとわかるが、花崗岩中の大規模な石英脈を採掘したようで、付近に真っ白な石英が散乱している。

　この鉱山の沿革については、正確にはわからない。ただ『雲根志』水晶のところに滋賀県の産地として桐生《きりゅう》（大津市）や、白石谷の名前が出ているので、江戸期から水晶の産地であるこ

石英　白石谷産　長径 11㎝

鉄石英　長浜市　土倉鉱山産　長径８㎝

とは知られていたと思われる。そして明治33年（１９００）発刊の『日本鉱産地』石英の項にも出ており、ガラスや陶器の材料になったとされているので、明治期には珪石鉱山としての開発がなされたようだ。またこの場所は滋賀県の鉱物採集家の間では、県下で唯一のモリブデン鉛鉱の産地としてよく知られており、多くの鉱物採集家たちが一度は訪れる場所となっている。現在も坑道が一部残っており、板ガラス材料等に使用するため、不純物の少ない良質の石英部分を掘ったように見える。

一方、同じ石英でも、酸化鉄を不純物として含むものは、鉄石英（ジャスパー）と呼ばれ、赤茶色をしており、鮮やかな色のものは磨かれ、赤玉と言われ飾石となる。

この赤玉の国内で一番の産地はやはり、佐渡島《さどがしま》の赤玉という所の物だろう。私もずいぶん昔、その浜辺で美しい赤玉のかけらを拾い遊んだ思い出がある。この赤玉は県内でも各地のマンガン鉱山等でも産出するが、ほとんどのものは赤色に鮮やかさがないものである。しかし、含銅硫化鉄鉱から銅を取り出していた土倉鉱山の鉄石英の一部には、研磨の価値があるものが見られる。

20 磁硫鉄鉱鉱山

石油に負けた硫黄戦争――滝ヶ坂鉱山

［甲賀市土山町大河原］

磁硫鉄鉱は読んで字のごとく、磁力のある硫黄を含む鉄鉱で磁鉄鉱と塊状では似ているが磁力は比較的弱いものである。第二次世界大戦までは、硫黄の含有量の低さや鉄分がそれほどでもないことから岡山県高梁市《たかはし》吹屋で弁柄《べんがら》の材料程度にしか使用されなかった。しかし戦後は、製錬技術の進歩により磁硫鉄鉱から取り出せる硫黄、鉄で採算を合わすことができるようになり一時脚光を浴びることになった。この滝ヶ坂鉱山は昭和25年（1950）に行われた地質調査所大阪支所の調査では「砂岩、チャート、石灰岩を交代した層状鉱床で露天掘り跡4か所と旧坑が3か所ある」ことや「銅1～1・5％を含む磁硫鉄鉱と黄鉄鉱からなっている」と書かれている。沿革については不明とされているが、この鉱山は、第二次世界大戦頃に国内の銅、鉄資源や硫黄を目的として、近くにあった稲ヶ谷鉱山同様に採掘されたのではないかと推測される。

この磁硫鉄鉱は、他の鉱山として、『滋賀県の自然』分冊「地形地質編」に「永源寺町甲津畑の御池、向山、杉峠各鉱山は以前、産銅鉱山であったが、その後磁硫鉄鉱の埋蔵量が多量なため再稼行が期待されている」と書かれている。しかし結局、海外から高品位の鉄鉱石が安く輸入されたり、原油から不要な硫黄の抽出が行われるようになり、これらの鉱山が再び脚光を浴びることはなかった。

現在鉱山は、鈴鹿スカイラインから左岸に入ってすぐのところに露頭や対岸にズリらしきものも見られるが、坑口については、不明である。鉱石自体は品位が高く、新鮮であれば銀灰色で磁性もあり、微小な方鉛鉱や黄鉄鉱等も見られる。

磁硫鉄鉱露頭

鉱石　磁硫鉄鉱　長径９㎝

滝ヶ坂谷

1 花崗岩ペグマタイトの鉱物

県内には、有名な田上山を始め、花崗岩地帯があちこちに分布しており、その中にペグマタイトと呼ばれる長石、石英などの大きな結晶からなる部分が見られる。また特に揮発《きはつ》成分や水分などを多く含んでいたと思われるところに、私たちが普段「ガマ」と呼ぶ晶洞《しょうどう》があり、自形の大きな鉱物結晶が粘土に埋もれていたり、空洞に向かって成長しているのを見ることができる。この「ガマ」ついては、数cmから数mとその大きさや脈状、球状など形もさまざまで、中にできている鉱物も長石や石英主体のものから、雲母やトパーズなどが入っているものなど変化に富んでいる。このため我々鉱物採取を趣味とする者にとって、大変魅力的なものとなっている。

晶洞を見つける方法については、花崗岩の様子の違いから判断する人や、ペグマタイトのかけらを追っていく人、昔掘られた穴の周辺を探す人などさまざまである。また晶洞からは、珍しい鉱物や理想的な姿の大きくて美しい鉱物の自形結晶を見つけられる可能性が高いばかりでなく、鉱物どうしの共生関係なども見ることができる、とてもよい標本室とも言える。

ただ、ひび割れや溶蝕（一度結晶したものが溶かされること）などによって傷のないものは少ない。

煙水晶上の底面式トパーズ
高島市高島産　長径1㎝

モナズ石（褐色） 大津市田上山産　長径1.1㎝

底面式トパーズ　大津市田上山産　長径 3.5㎝

黒雲母　長浜市西浅井町山門産
長径 12㎝と分離結晶　長径５㎜など

チンワルド雲母　長浜市西浅井町山門産　長径　6㎝

カリ長石　大津市田上山産　長径　4.4㎝

第2章　鉱物

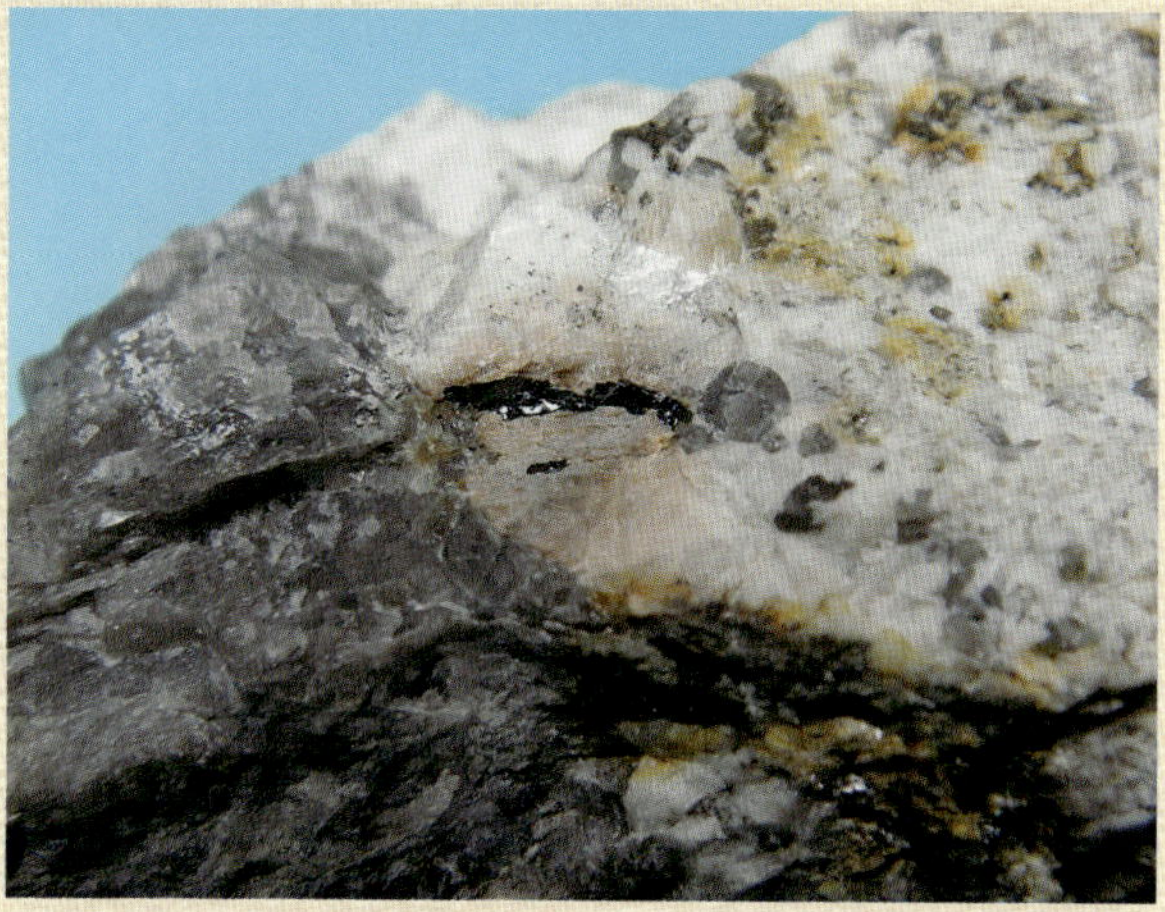

ハロ（赤黒い焼け）と希元素（ユークセン石？）
大津市田上山産　長径１㎝

鉄電気石（煙水晶上針状）　大津市田上山産　最大 1.2㎝

曹長石（白色）とカリ長石（クリーム色）
大津市田上山産　長径 7.2㎝

曹長石と黒水晶　大津市田上山産　長径４㎝

2 水晶

水晶は二酸化珪素《けいそ》（石英）の自形結晶で、火成岩のペグマタイト中にも、堆積岩中の石英脈などにも見られる。県内でも各地にいろいろな産状で見られ、自形結晶の鉱物では一番なじみがあるものだ。この中で県内の堆積岩中の石英脈から出る水晶は放射線の影響が少ないため、透明で形の美しいものが多いが、サイズが小さいことから、県内の有名産地はすべてペグマタイトのある花崗岩地帯となっている。産地としては田上山、比良《ひら》山、岩根山、岳山、山門などがあげられる。

今回、水晶だけを別に取り上げた理由は、同じ鉱物種の水晶にも、いろいろおもしろい形や色などがあることや、私自身の水晶に対する思い入れが強いからである。半世紀以上前の小学2年の時、近所の子供たちと京都市にある船岡《ふなおか》山に水晶を取りに行ったのが、鉱物とのおつき合いの始まりで、現在もほとんど毎日のように、いろいろな水晶を眺めて楽しんでいる。

水晶について、石友から、同じものばかり集めて何が楽しいのか、とよく言われることもあるが、私にとっては、やはり一つひとつの石に出会いと思い出があり、またそれぞれよく見ると個性的で、一つとして同じものはなく、自然の不思議と美しさをいつも感じさせてくれる地球の宝物である。

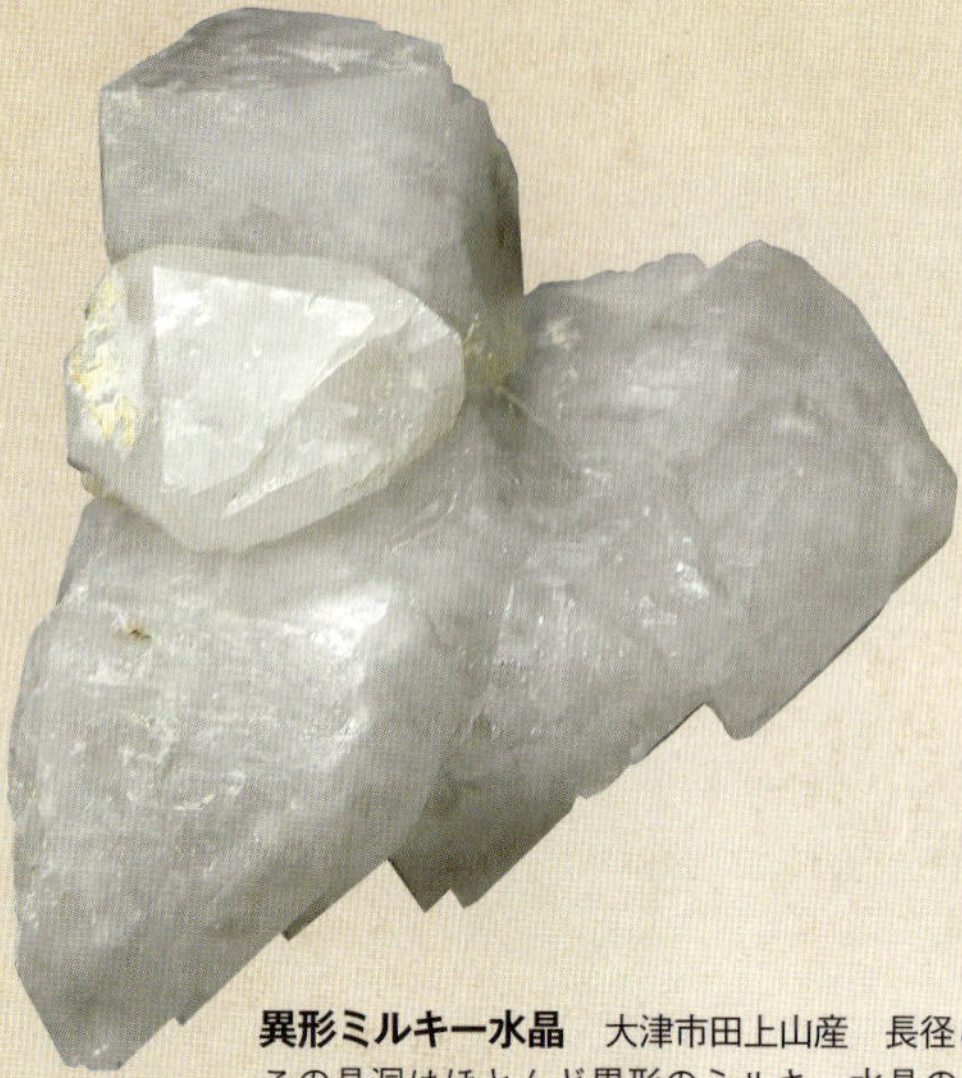

異形ミルキー水晶　大津市田上山産　長径８㎝
この晶洞はほとんど異形のミルキー水晶のみの晶洞からのもの。

松茸黒水晶　高島市高島産　長径 4.1㎝
松茸紫水晶　長浜市西浅井町山門産　長径 1.1㎝

山入り水晶　高島町高島産　長径 6.3㎝
煙水晶の上に透明の水晶が成長したもの。

ミルキー水晶　長浜市西浅井町山門産　長径 7.3㎝

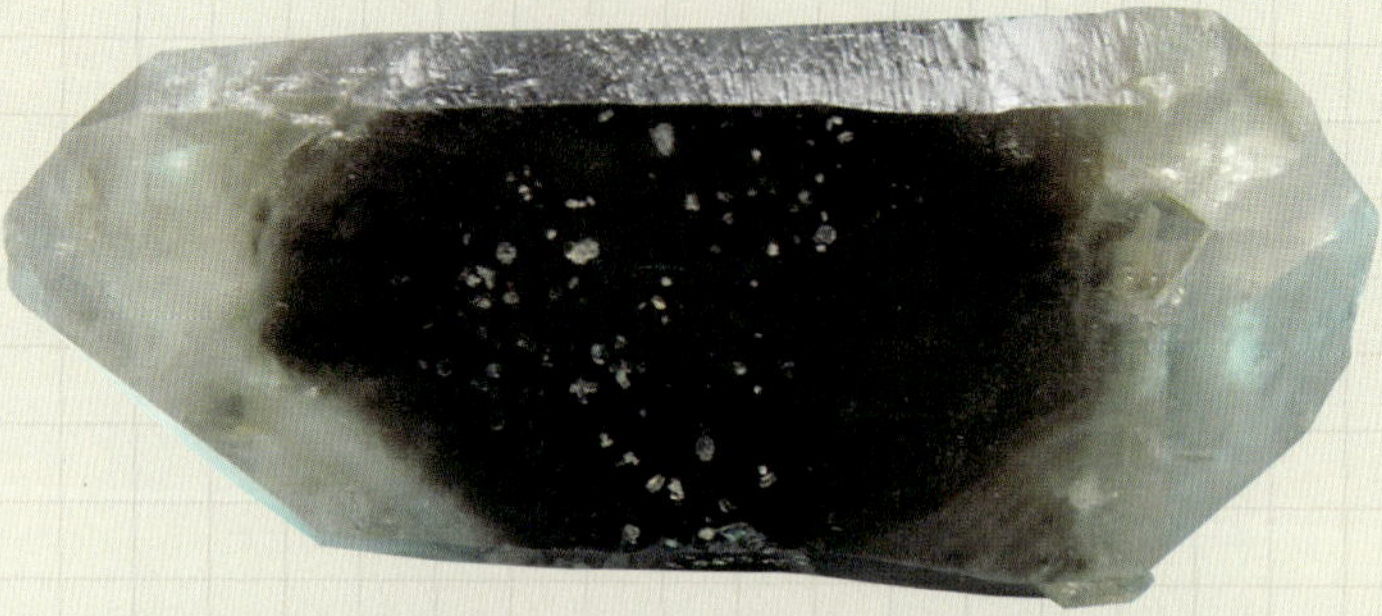

両錐水晶　高島市高島産　長径 5.4㎝
両錐水晶のメカニズムは、いろいろ考えられるが、これは鋭角になったところに種ができ両方向に成長したもののように見える。

煙水晶　大津市田上山中沢晶洞産　長径 11㎝
この花崗岩ペグマタイト晶洞は日本で一番有名なものである。

両錐水晶　高島市高島産　長径 9.7㎝
両錐でもこのように同じ太さで透明な美しい形のものはなかなか見られない。

鉄電気石入り煙水晶　大津市田上山産　長径 3.8㎝
曲面のあるおもしろい形に結晶している。

3 宝石鉱物

県内の宝石鉱物といえば、滋賀県の鉱物として、日本地質学会から認定されたトパーズ（黄玉）がまずあげられる。私も昭和の終わり頃、半年間ほど、毎週、田上山に入って探した時期もあり、その輝きの強さや、結晶形の美しいことから加工しなくても宝石としての価値は十分あると思っている。このトパーズは県下では大津市の田上山や比良山、高島市などから産出している。漢字では「黄玉」と書き茶色系の宝石として知られているが、私のコレクション中、滋賀県産で薄茶色のトパーズは少なく、多くが無色透明のものである。

また宝石店では放射線で濃い青色に色づけされたものが出回っているが、県内でも田上山や高島市から、ごく薄いピンク色や青色のものが少量産出している。トパーズは不透明であれば、水晶と雰囲気が大変よく似ているものがある。しかし条線の方向、比重、色、劈開《へきかい》から慣れると比較的簡単に区別できる。

次に緑柱石（ベリル）は田上山や高島市でわずかな産出があり、まれに宝石に加工する程度のものも見つかっているが、トパーズよりも産出がさらに少ない。県内での緑柱石はアクアマリンと呼ばれる種類の柱状で透明なものが晶洞中に出たり、ペグマタイト中に不透明な物が見られるのが普通である。ただ高島には、青みを帯びた不透明な緑色のものもあった。

最後に紹介する紫水晶（アメジスト）は、宝石かどうかはっきりしない。しかし県内では煙水晶や透明の水晶に比較して大変少ないため、希少価値という点では、宝石に入れてもよいと思われる。県内では現在まで各地で少量採集されているが、特にマキノ町から産出した物には濃色のものが見られた。ただこれら産地の中で私自身が実際、採集できたのは山門産の何点かのものだけである。一方、紫色の発色の原因が鉄とされ、鉄等が含まれる熱水から紫水晶ができる時の温度が他の水晶などと比べ、低いと言われている。確かに紫水晶が芯になって外側に透明の水晶ができているものを私は見たことがないので、そうかもしれない。

黄玉
大津市田上山産　長径３㎝

緑柱石（小谷標本）
高島市高島産　長径３㎝

紫水晶
長浜市山門産　長径４㎝

4 金属資源鉱物

国内の金属資源としては金、銀、銅、鉄、鉛、水銀、マンガンがよく知られているがそれ以外にも、アンチモン、モリブデン、錫《すず》、亜鉛なともあり、県内では量的な差異は大きくあるものの、種類としてはほとんどが産出している。

現在、県内では金属資源鉱物を採掘していた鉱山は、すべて閉山しているので、新鮮な標本を手にするのは難しくなってきている。しかし金属資源鉱物である黄銅鉱や方鉛鉱などの魅力は、その重量感と金属が持つ不思議な独特の反射光だと思う。これは大昔、銅鐸《どうたく》の輝きや金のリングに魅せられてきた人々とも相通じるところがあるので、ぜひ楽しんでもらいたいと思っている。また、この銅や鉄などの発見や利用がなければ、人間はこれほど豊かで便利な生活を送ることはまったくできなかっただろう。

方鉛鉱　鉛の鉱石
銀を固溶していることもあるので、含有量によっては、銀の鉱石にもなる
甲賀市土山町大納言谷産　銀灰色部　２㎝

輝水鉛鉱　モリブデンの鉱石
湖南市菩提寺産　紫がかった銀灰色部　２㎝

スズ石　錫の鉱石
大津市新免産　最大長径　1㎝弱

輝安鉱　アンチモンの鉱石
甲賀市信楽町牧産　青みがかった銀灰色部　0.8㎝

閃亜鉛鉱　亜鉛の鉱石
湖南市石部灰山産　中央黒褐色部　4㎝

磁硫鉄鉱　硫黄と鉄の鉱石
甲賀市土山町滝ヶ坂産　長径　9㎝

硫砒鉄鉱　亜ヒ酸の鉱石
東近江市蓬谷鉱山産　長径 1.8㎝（金色は何かにコーティングされている。本来は左側のような銀灰色の結晶）

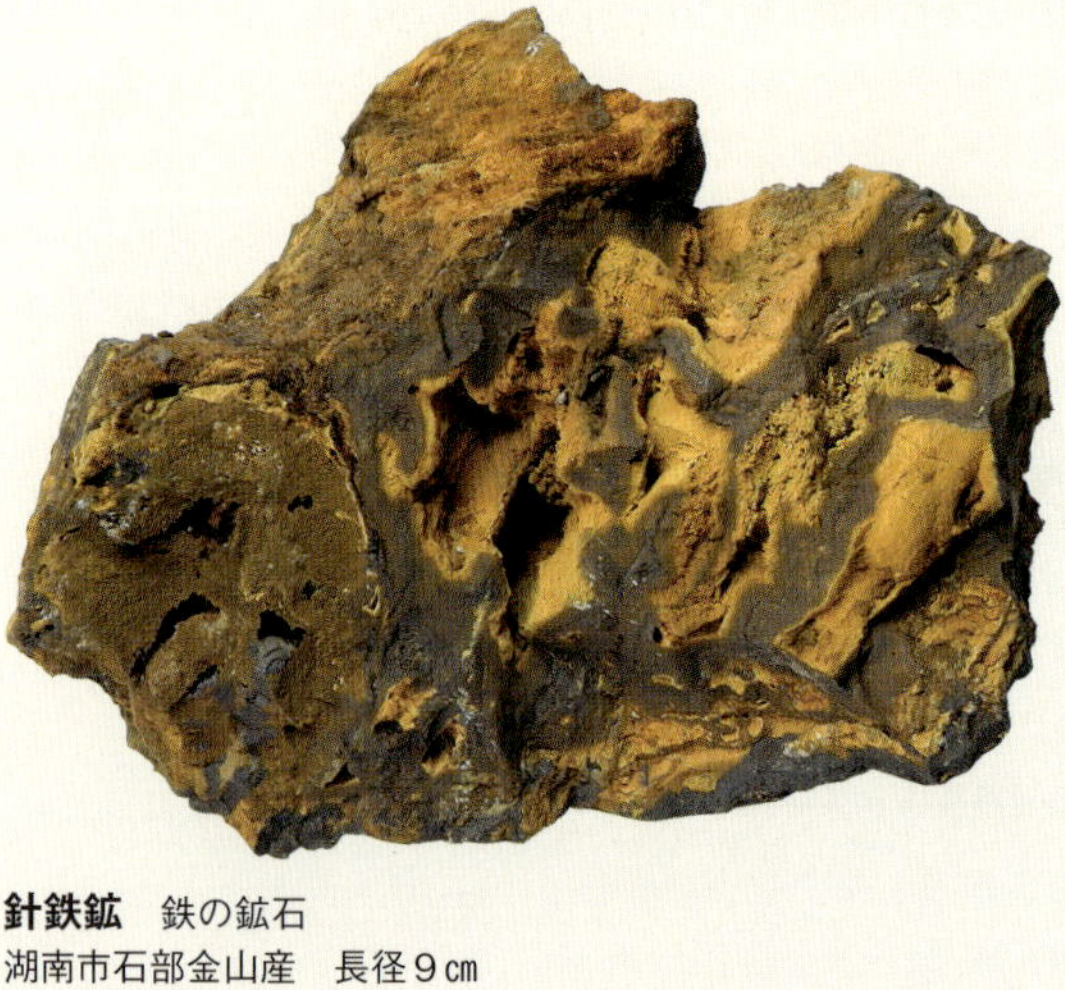

針鉄鉱　鉄の鉱石
湖南市石部金山産　長径９㎝

磁鉄鉱　鉄の鉱石
湖南市石部金山産　長径５㎝

黄銅鉱　銅の鉱石
東近江市御池鉱山産　長径 6.5㎝
含有量によって銀の鉱石ともなる。

5　マンガン鉱物

県内にはマンガン鉱山が数多くあり、層状マンガン鉱床の一部には熱変成を受けたものがある。私たちは、普通マンガンと聞けば乾電池に利用される真っ黒な二酸化マンガンを思い浮かべる。確かに現在、マンガン鉱山跡などに行けば表面が真っ黒に変質した石ばかりと出会う。しかし石を割って内側を見れば、きれいなピンク色のバラ輝石や鮮やかな緑色をした緑マンガン鉱、まるでチョコレートのような雰囲気のハウスマン鉱などに驚くことがある。ただ全体的には地味な鉱物が多く、玄人好みの鉱物種であるといえる。また残念なことに、緑マンガン鉱など色のあるこれらの鉱物は変質しやすく、時間が経てば真っ黒な二酸化マンガンに変わってしまうものが多い。

バラ輝石
湖南市三雲鉱山産　長径９㎝

アフテンスク鉱
湖南市三雲鉱山産　長径５㎝

ハウスマン鉱（茶色）と炭酸マンガン（肌色）
犬上郡多賀町萱原鉱山産
長径 4.5㎝

6 スカルン鉱物

スカルンというのは特に石灰岩や苦灰岩と花崗岩マグマ等が接したときにできる岩体で、県下では有名な石山寺、長浜市の月出、日野町の綿向山《わたむきやま》、灰山などに見られる。そしてこのスカルンに特徴的に産出するのがスカルン鉱物と呼ばれるもので、その中でも珪灰石、灰鉄輝石、ベスブ石、灰鉄柘榴石などが有名である。これらの中で特に大津市の石山寺と日野町綿向山の真っ白な繊維状の珪灰石は、県内で4か所しかない国の天然記念物産地に指定されている。また緑茶色で扇状の美しい灰鉄輝石は、岐阜県で菊寿石《きくじゅせき》と名づけられ、飾り石として採掘されたこともある。しかし、県内での灰鉄輝石は、灰山などで見られるようにあまり美しいものではない。このスカルンと同様砂岩や泥岩のような堆積岩が熱変成を受けたものはホルンフェルスといわれる岩石で、その中に後述する紅柱石や菫青石《きんせいせき》などの形や色のおもしろい鉱物ができることがある。

ベスブ石（こけ茶色）
長浜市西浅井町月出産　8.3㎝

珪灰石
甲賀市土山町白倉谷産　9㎝

灰鉄輝石（緑茶色）
甲賀市信楽町雲井産　5㎝

7　二次鉱物

二次鉱物は、一般的に一次鉱物（初生鉱物）が変質してできた鉱物とされている。県下では、採石作業の進捗《しんちょく》にともない石部灰山や金山で一時多種多様に産出していた。これら産地の二次鉱物は、鉛、亜鉛、鉄、銅、燐《りん》、硫黄、カドミウムなどいろいろな元素がからみ合い、青、黄、赤、緑、紫色と絵の具のようなカラフルな二次鉱物が多い。また実体顕微鏡で拡大すると、肉眼では見えない球状や針状、板状といろんな形をしたかわいい結晶がはっきりその姿を現し、鉱物の美しいミクロの世界に引き込まれる。

菱亜鉛鉱（中心部分）・菱亜鉛土（白色）
湖南市石部金山産　長径４㎝

水亜鉛銅鉱（スカイブルー）
湖南市石部灰山産　長径 4.5㎝

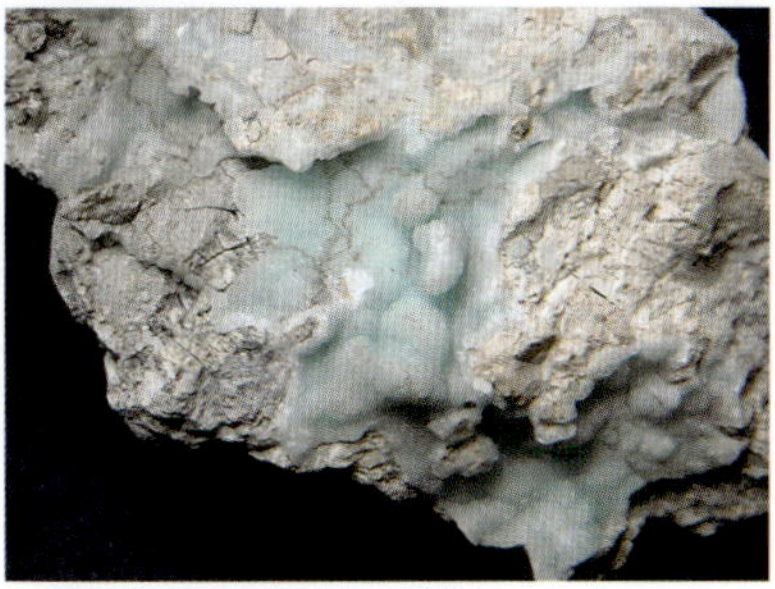

異極鉱（薄い青色）
湖南市石部金山産　画面　横７㎝

ベゼリ石（スカイブルー）
湖南市石部灰山産　画面　横５㎝

亜鉛孔《く》雀《じゃく》石（緑色）
湖南市石部灰山産　長径４㎝

赤銅鉱（赤茶色）
湖南市石部灰山産　長径８㎝

ブロシャン銅鉱（緑色）
湖南市石部灰山産　長径6㎝

硫カドミウム鉱（黄色）
湖南市石部灰山産　長径７㎝

青鉛鉱（青色）
湖南市石部灰山産　長径８㎝

藍銅鉱（紺色）
湖南市石部灰山産　長径 10㎝

珪孔雀石（薄緑色）
湖南市石部灰山産　長径 15㎝

8　蛍光反応の見られる鉱物

　鉱物の楽しみ方の一つに蛍光反応がある。これは暗闇で鉱物に紫外線を照射することによって、自然光とはまったく別の姿が見られるもので、その色彩は赤、青、黄色、青白などとても鮮やかなものがある。アマチュアの私たちにとっても、簡易なUVランプで十分その世界が楽しめる。この蛍光については、同じ種類の鉱物でもほとんどのものは蛍光を見せてくれないが、一部にごく微量の成分（イットリウム、鉄、マンガン、ユーロピウムなど）が入ると真っ暗な中で、その神秘的な色彩を現す。また趣味の世界だけでなくこの反応は灰重石《かいじゅうせき》等の資源探査などにも使用されており、以前、山口県岩国市にあった喜和田鉱山では、坑道全面に灰重石でできた青白い星の天の川が見られた。ただ肉眼で見える蛍光色の世界を私の安いカメラで再現するのは、大変難しく、実際、目で見ることが大切である。

トパーズ　高島市高島産　長径２㎝

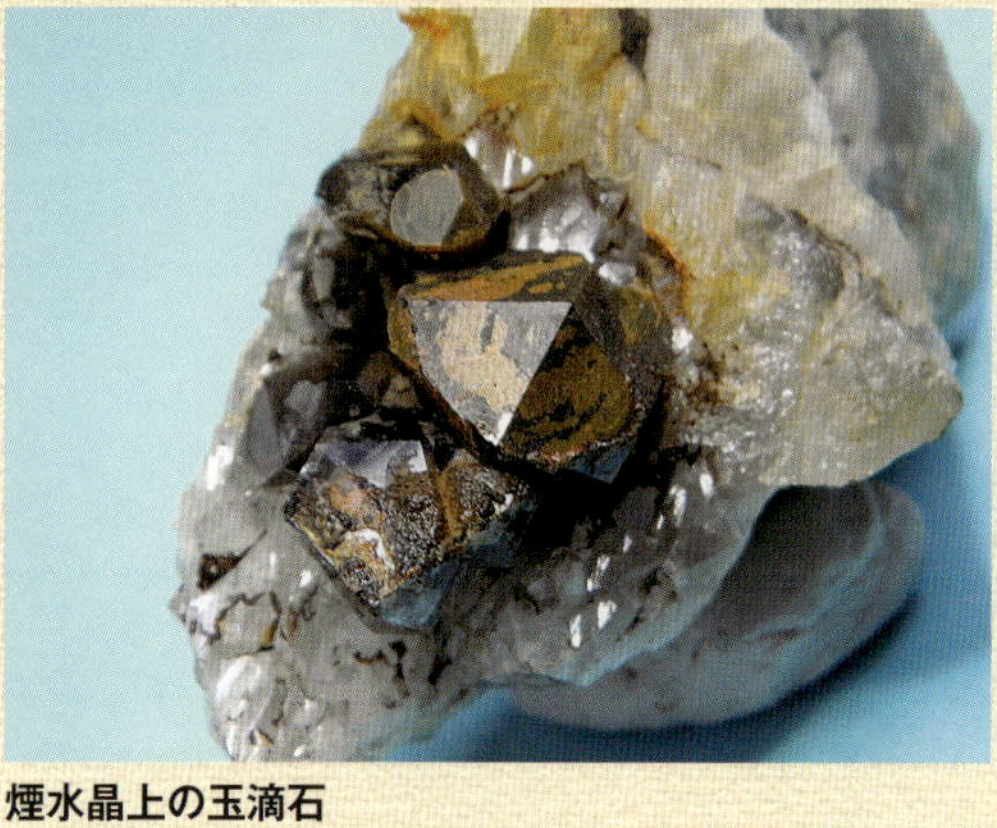

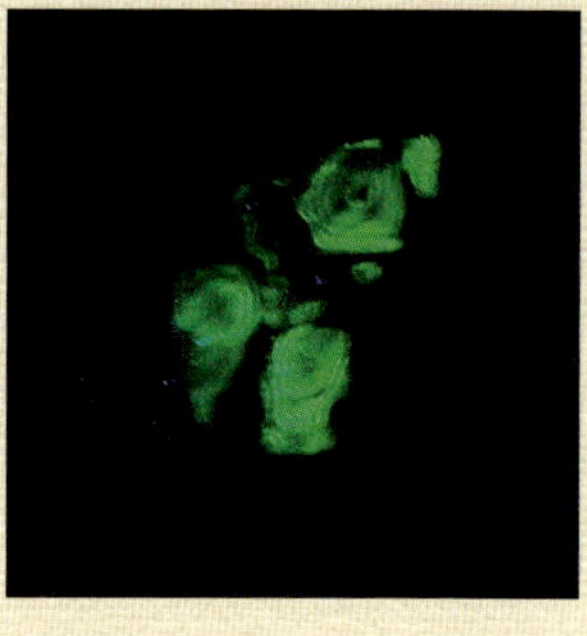

煙水晶上の玉滴石
大津市田上山産　煙水晶長径 6.5㎝

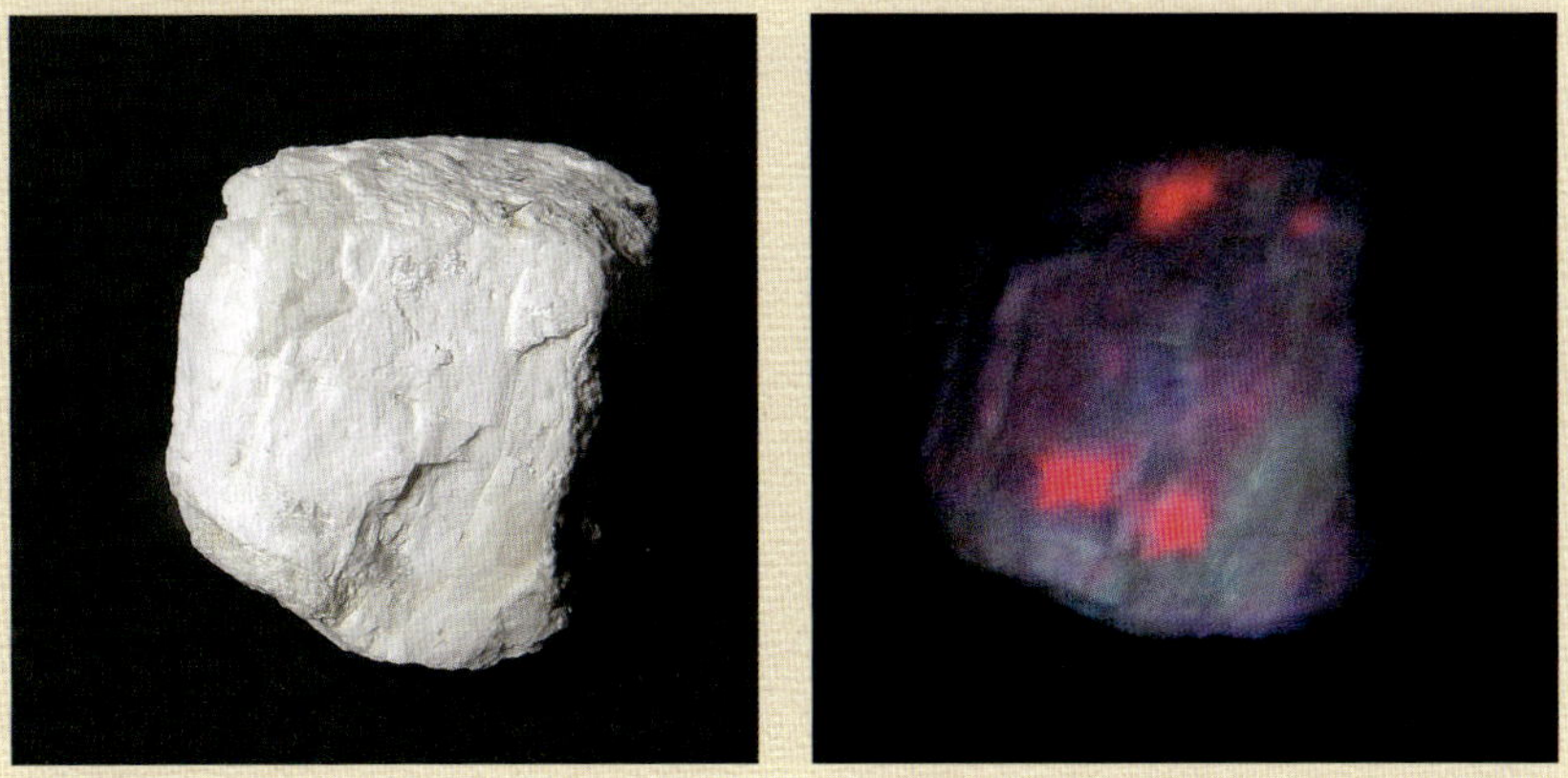

カリ長石　高島市高島産　長径３㎝

方解石と蛍石　方解石赤色、蛍石は青紫色の蛍光反応
甲賀市鮎河鉱山産　長径 9.2㎝

※（106 ～ 107ページ　写真左側が自然光　写真右側は紫外線照射時）

パウエル石
湖南市菩提寺産　長径 7.5㎝

※（写真上側が自然光　下側が紫外線照射時）

9　その他の鉱物

その他の鉱物として蛍石、沸石《ふっせき》、方解石を取り上げる。蛍石や沸石は量的には少ないが、県内のあちこちで産出している。これらの中で蛍石は田上山で花崗岩中に見られる一般的な緑と紫の層状の物を、また沸石では自形結晶が美しく大きな方沸石《ほうふっせき》を、また方解石はいろいろな産状や形態で多量に産出するが、透明の美しい形の犬牙《けんが》状の結晶を選んだ。

蛍石
大津市田上山産　長径 6.2㎝

犬牙状方解石
湖南市石部灰山産　長径 6㎝

方沸石
東近江市永源寺町佐目産　長径 5㎝

Column

『雲根志』と木内石亭

『雲根志』は、木内石亭（木内小繁重暁《こはんしげさと》）により、安永2年（1773）から享和元年（1801）にかけ全3編16巻にわたり刊行された。内容としては、彼が滋賀県を手始めに全国各地を訪ね歩き、収集、見聞した自然石、化石、石器や摩崖仏《まがいぶつ》などの人工物を霊異類、采用（利用できる）類、光彩類などに分類し、江戸期の知見を持って、説明している。このため後世、当然のことだが、科学的でないとの批判もされた。しかし当時の人々が石など、自然物に抱いた畏敬の念や、思い入れが素直に感じとれ、我々石を楽しむ者にとっては、大変興味深いものとなっている。ただ残念なことに彼が生涯、心血を注ぎ、収集した2000点とも言われる石たちは、彼の死後、散逸《さんいつ》し、「珍蔵二十一種」と考えられるものだけが残された。また、薬学、鉱物学者の益富寿《かず》之助《のすけ》（1901～1993）が石亭に関する事や国内外の奇石を載せた『石―昭和雲根志』に「昔、中国では、雲は山気が石に触れて生ずるとの考えがあり、それ故に〝雲根〟が石の異称として用いられ、書名に使われた」とされている。『雲根志』とは、まさにこのような世界に住む石たちを愛《め》で、書かれたたものであることがわかる。

この本の著者である木内石亭は、享保9年（1724）滋賀県大津市坂本に生まれ、文化5年（1808）までの生涯を草津市で過ごした。途中、物産学や本草学（主に医薬に関する学問）を修めるとともに、仲間と江戸、大阪、京都で物産会（植物、鉱物、動物）などを開き、一般の人たちにもその成果を広めた。その後も、石にひたすら傾倒し、同好の士とともに奇石会などの運営も行っていたようである。晩年、彼の名は「奇石大尽《だいじん》」として、当時の観光案内書である『東海道名所図会《ずえ》』に石のコレクションとともに載せられるほど有名になった。

『**雲根志**』（滋賀県立琵琶湖文化館蔵）

『**昭和雲根志**』益富寿之助 著

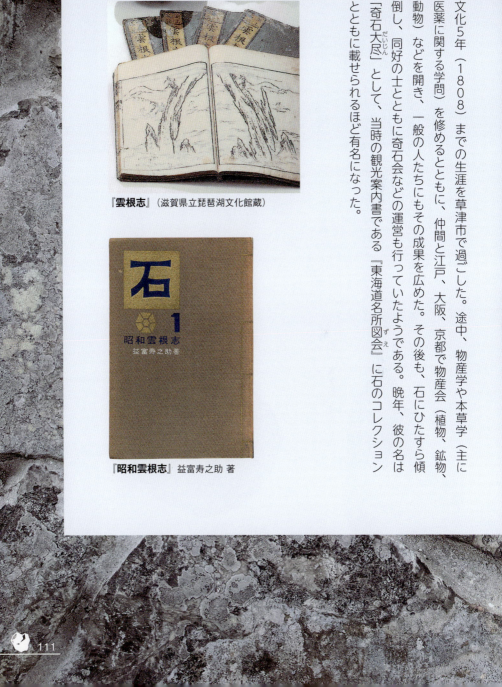

第3章 雲根志的世界の石

1　天神石（雲根志）

甲賀市水口町野洲《やす》川

この石は『雲根志』の最初に出てくる石で、物事の吉凶を占うことのできる石とされ、願いがかなうときは軽く、かなわぬ時は重くなるといわれている。菅原道真《すがわらのみちざね》公ゆかりの物とされる。水口町山村神社の神宝のため写真撮影ができないので、姿のよい同じ野洲川の花崗岩円礫《えんれき》を載せる。

2　文字《もんじ》石（雲根志）

大津市平野町

『雲根志』にはいろいろな文字石が紹介されているが、これは晶洞から出た煙水晶の中の一つで「正」と「从」の字が明確に読み取れる。結晶はすでに溶け去っているが、雲母によるおもしろい自然の造形と考えられる。

天神石　長径28㎝

文字石　画面横8㎝

3 食い違い石（昭和雲根志）

甲賀市土山町鮎河

この円礫の食い違いは断層ができる時のものとする考えが一般的であるが、それ以外の考え方もあり、成因が十分証明されていないように思う。ただこのように大きな円礫が直線的にずれて、接着している姿は、大地の強大で不思議な力を見せてくれる。

4 ひょうたん石（雲根志・昭和雲根志）

甲賀市土山町鮎河

ひょうたんは、その愛嬌のある姿から多くの人に愛されてきた。石の世界にもまたひょうたん石と呼ばれるものが全国あちこちにある。それらの中で『雲根志』や『昭和雲根志』にも取り上げられている甲賀市土山町鮎河のひょうたん石（ノジュール）を載せるが、これは立体ではなくレリーフ（浮き彫り）状になったものである。

食い違い石 長径32㎝

ひょうたん石 長径10.2㎝

5 大《だい》一《いつ》禹《う》余《よ》粮《りょう》（雲根志・昭和雲根志）

大津市栗原

この大一禹余粮というのは、針鉄鉱のノジュールで、中が粘土で満たされ外側に小石などがついており、粘土が石薬とされたものである。粘土がなくなり、小石などが入っていて、振るとコロコロと音を出すものが「鈴石」と呼ばれる。この大一禹余粮は砂質の粘土層から出たもので振るとコロコロとかわいい音がする。

大一禹余粮 長径8.3㎝

6 食パン石（新）

湖南市石部金山

この石のパンの下手の部分は、当初、アプライトのひび割れに染み込んだ鉄分による鉱染と考えたが、化木石と同様のリーゼガング現象による縞《しま》模様の一部かもしれない。

食パン石 長径9.2㎝

7 化木石《かぼく》（新）

三重県大安町石榑《いしぐれ》南

『昭和雲根志』には余呉湖《よご》（長浜市余呉町）を舞台とした、とても哀しい物語にまつわる石のことが書かれている。それが蛇眼石で、私も何度か余呉に探しに行ったが、結局見つけることができなかった。しかし県境の三重県側の谷からこの蛇眼石と同様、リーゼガング現象が模様の成因と考えられる岩石を見つけることができた。岩石の種類としては余呉町の蛇眼石は放散虫などの死骸が海底に堆積してできたチャートであるが、私が見つけたものはアプライトのような物で色合いから眼というより、木や寄木細工のように模様がずれたように見えるため「化木石」と名づけた。

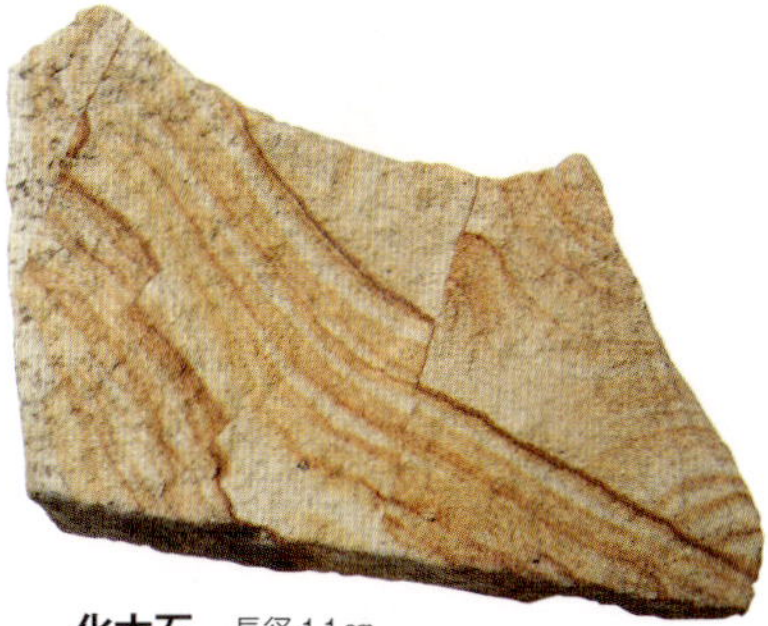

化木石 長径11㎝

化木石 長径17㎝

8 帆立石《ほたて》（新）

栗東市荒張

この石は、まるで平らないかだにまっすぐ上に帆を立てたような形をしている。付近は、熱変成を受けた堆積岩が露出していて、下面は層理面に沿って割れたものである。しかし、この石は平らな層理面とほぼ直角に同質の岩石の破断面が現れており、不思議な造形だ。

帆立石 長径13㎝

9 桜石（雲根志）、釘石《くぎいし》（新）

甲賀市水口町・信楽町朝宮

これらは、ホルンフェルス中にできた菫青石《きんせいせき》、紅柱石《こうちゅうせき》の仮晶《かしょう》（本来の外形を保ったまま、成分の一部もしくは全部が別の鉱物に置きかわったもの）で、ともに元の結晶が変質したもの。桜石は京都府亀岡市のものがとても美しく、国の天然記念物となっている。

桜石（菫青石仮晶） 長径８㎝

釘石（紅柱石仮晶） 長径９㎝

おわりに

この度、幸運にも、半世紀以上にわたり、私を楽しませてくれている滋賀県の石などについて、紹介の機会を与えていただき、大変感謝している。

滋賀県には、江戸時代に木内石亭という偉大な大先達がおり、とても彼の足元にもおよばないが、この平成の時代にも、石を愛する者が生き続けていることを、つたない文と写真で伝えたいと考えた次第である。

県内にはまだまだ多くの鉱山やおもしろい石が眠っているが、現在、人と石などとの直接的な関係が希薄になっていく中で、その場所、歴史、技術、体験談などが伝えられずに消え去っている。また、近い将来、鉱物採集というジャンル自体が完全に室内ゲームに置き換えられてしまうのではないかと危惧《きぐ》している。しかし自然の世界はずっと深く、美しく、不思議や感動に満ちたものである。幸い滋賀県には、琵琶湖を囲んで、あちこちにいろいろ条件の異なる土地があり、小規模ながら各種の鉱山跡や鉱物が見られる。石との出会いは水晶から始まることも多いが、次の石がなかなか見つからなくて、水晶で終わってしまう人も多い。このためこの冊子が次のステップを探す一助となることを願っている。

最後に本書執筆にあたり滋賀県立琵琶湖博物館の高橋啓一氏、里口保文氏にご協力、ご助言を頂いたことをこの場を借りて厚くお礼申し上げたい。

【参考文献など】

木内小繁重暁 著『雲根志』1801年
益富寿之助 著『石―昭和雲根志』1967年
滋賀県勧業課 編『滋賀県管下近江国六郡物産図説』1873年
甲賀郡教育会 編『甲賀郡志』1926年
石部町教育委員会 編『石部町史』1959年
新修石部町史編纂委員会 編『新修石部町史』1990年
小林圭介 編『栗東市の自然』1983年
中島伸男 著『近江鈴鹿の鉱山の歴史』1995年
滋賀地学研究会 編『生きている化石湖』1977年
滋賀県高等学校理科教育研究会地学部会 編『滋賀県地学のガイド』1980年
益富寿之助 著『カラー自然ガイド鉱物』1974年
住友修史室 編『泉屋叢考』13輯「宝の山」（住友史料叢書）1951年～
工部省鉱山課 編『鉱山借区図　第5』1884年～
『滋賀県歴史的文書』1869年～
「記録しておきたい滋賀県の地形・地質」編集委員会 編『琵琶湖博物館研究調査報告26号』2011年
農商務省鉱山局『日本鉱産地』1900年
横江孚彦 編著『口語訳　雲根志』2010年
マキノ町誌編纂委員会 編『マキノ町誌』1987年
石川松太郎他 編『江戸時代人づくり風土記㉕滋賀』1996年
滝本清 編『日本地方鉱床誌　近畿地方』1973年

竹内利夫 著『郷土の歴史をふり返って』２００６年
加藤武夫 著『鉱物界教科書参考書』１９３７年
鉱山懇話会 編『日本鉱業発達史』１９３２年
市川正夫 著『長野県の鉱山と鉱石』２０１０年
滋賀県文化財保護協会『天神畑遺跡発掘調査現地説明会資料』２０１１年
滋賀県立図書館　近江デジタルデジタル歴史街道

【著者略歴】

福井龍幸（ふくい・たつゆき）

1952年京都市に生まれる。幼い頃より鉱物や化石に興味を持ち、収集を始める。大学卒業後、滋賀県職員として勤務。日本地学研究会や湖国もぐらの会において、見分等を深め、早期退職後も県内外に出掛け鉱山や鉱物との出会いを楽しみ、展示会なども催している。

琵琶湖博物館ブックレット⑤

近江の平成雲根志
—鉱山・鉱物・奇石—

2018年2月1日　第1版第1刷発行
2019年6月30日　第1版第2刷発行

著　者　福井龍幸

企　画　滋賀県立琵琶湖博物館
〒525-0001 滋賀県草津市下物町 1091
TEL 077-568-4811　FAX 077-568-4850

発　行　サンライズ出版
〒522-0004 滋賀県彦根市鳥居本町 655-1
TEL 0749-22-0627　FAX 0749-23-7720

印　刷　シナノパブリッシングプレス

ISBN978-4-88325-619-8 C0357

定価はカバーに表示してあります

琵琶湖博物館ブックレットの発刊にあたって

琵琶湖のほとりに「湖と人間」をテーマに研究する博物館が設立されてから2016年はちょうど20年という節目になります。琵琶湖博物館は、琵琶湖とその集水域である淀川流域の自然、歴史、暮らしについて理解を深め、地域の人びととともに湖と人間のあるべき共存関係の姿を追求してきました。そして琵琶湖博物館は設立の当初から住民参加を実践活動の理念としてさまざまな活動を行ってきました。この実践活動のなかに新たに「琵琶湖博物館ブックレット」発行を加えたいと思います。

20世紀後半から博物館の社会的地位と役割はそれ以前と大きく転換しました。それは新たな「知の拠点」としての博物館への転換であり、博物館は知の情報発信の重要な公共的な場であることが社会的に要請されるようになったからです。「知の拠点」としての博物館は、常に新たな研究が蓄積され、新たな発見があるわけですから、そうしたものを「琵琶湖博物館ブックレット」シリーズというかたちで社会に還元したいと考えます。琵琶湖博物館員はもとよりさまざまな形で琵琶湖博物館に関わっていただいた人びとに執筆をお願いして、市民が関心をもつであろうさまざまな分野やテーマを取りあげていきます。高度な内容のものを平明に、そしてより楽しく読めるブックレットを目指していきたいと思います。このシリーズが県民の愛読書のひとつになることを願います。

ブックレットの発行を契機として県民と琵琶湖博物館のよりよいさらに発展した交流が生まれることを期待したいと思います。

二〇一六年　七月

滋賀県立琵琶湖博物館・館長　篠原　徹